両生類（イモリ）の原腸胚形成

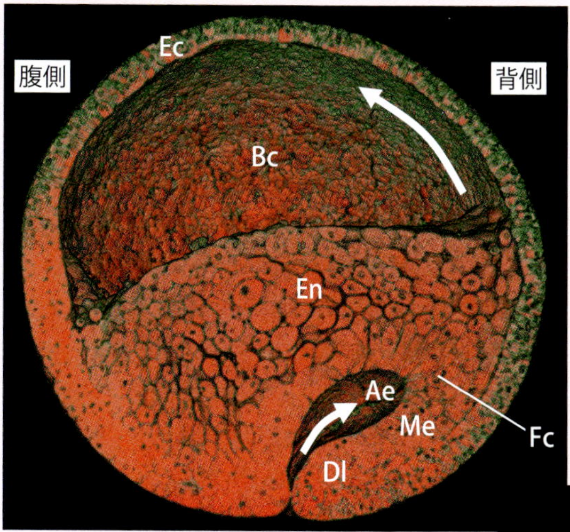

初期原腸胚
Ae；原腸，Bc；胞胚腔，Dl；原口背唇，Ec；外胚葉，En；内胚葉，Fc；フラスコ細胞，Me；中胚葉
矢印は中胚葉細胞の移動方向と原腸の陥入方向を示す．原腸の陥入は原口の部分から開始され，腹側方向に進行する．

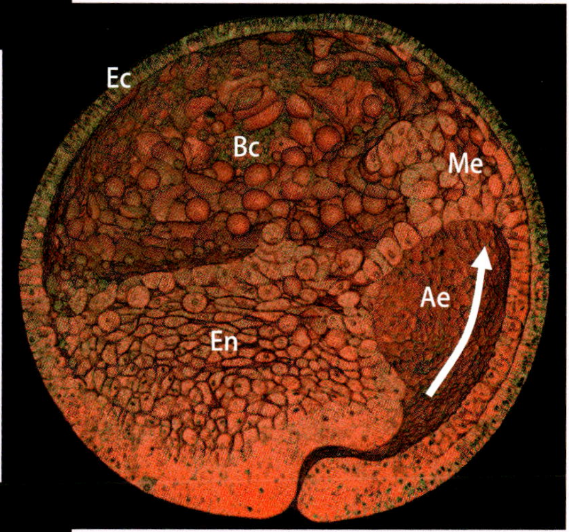

中期原腸胚
Ae；原腸，Bc；胞胚腔，Ec；外胚葉，En；内胚葉，Me；中胚葉
矢印は原腸の陥入方向を示す．胞胚腔の天井に張り付いているのは移動中の細胞．

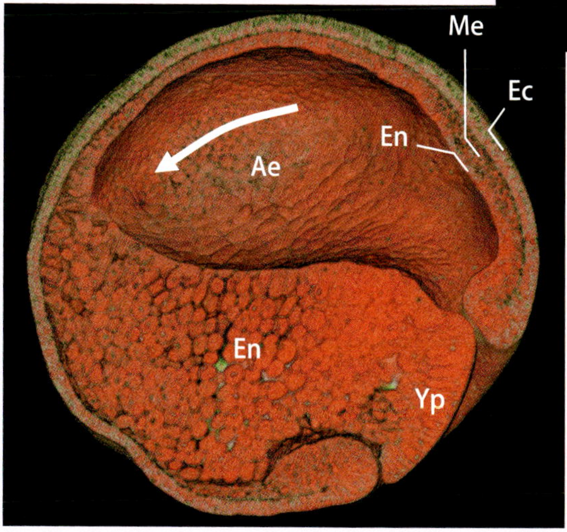

後期原腸胚
Ae;原腸，Ec;外胚葉，En;内胚葉，Me;中胚葉，Yp；卵黄栓
矢印は原腸の陥入方向を示す．

厚さ1μｍの連続切片を用いて立体構築した3Dモデルを示す．3Dモデルを作製したソフトは，サイバネットシステム（株）のRealiaProとRealINTAGEを用いた．

ニワトリの神経胚

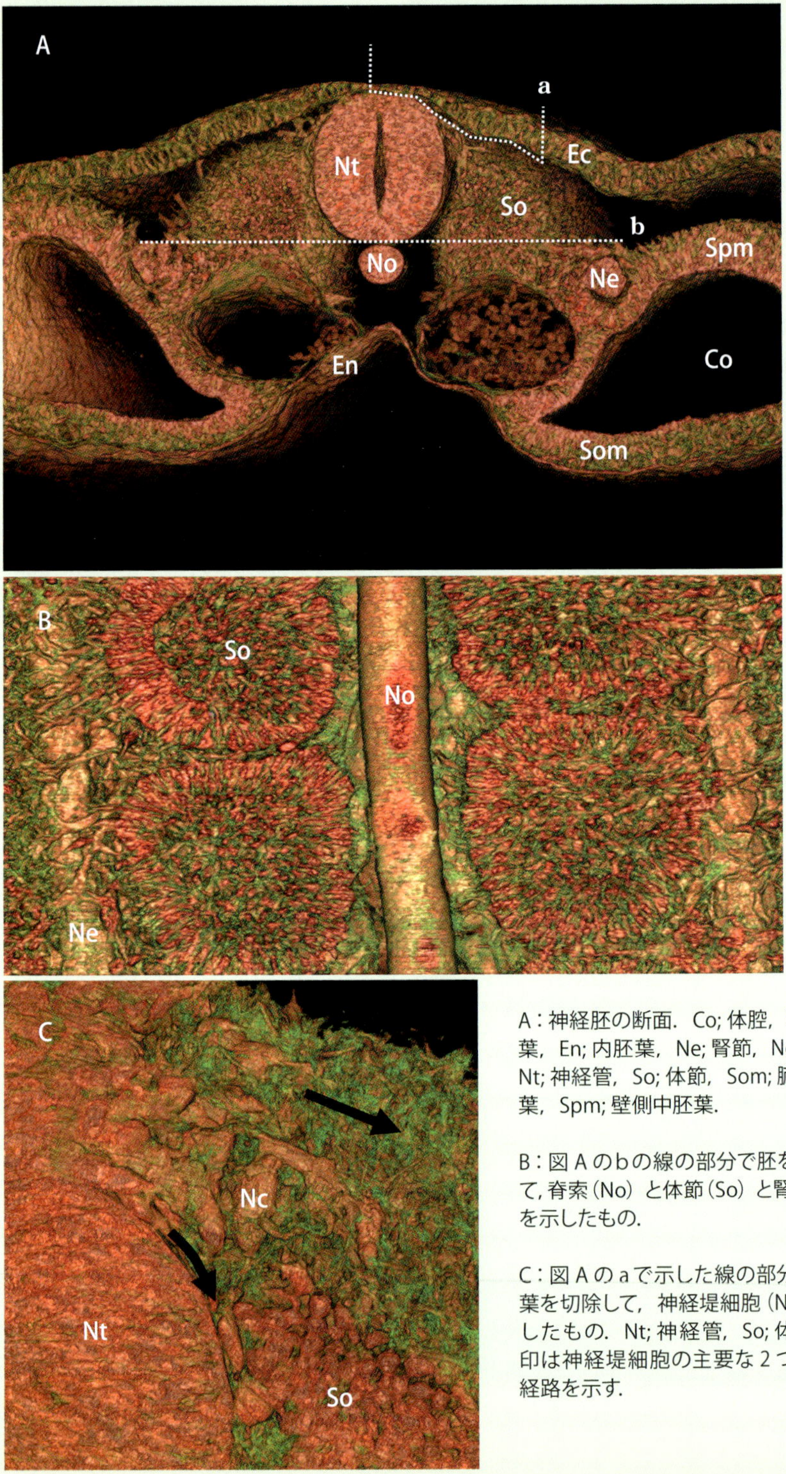

A：神経胚の断面．Co; 体腔，Ec; 外胚葉，En; 内胚葉，Ne; 腎節，No; 脊索，Nt; 神経管，So; 体節，Som; 臓側中胚葉，Spm; 壁側中胚葉．

B：図 A の b の線の部分で胚を切断して，脊索（No）と体節（So）と腎節（Ne）を示したもの．

C：図 A の a で示した線の部分の外胚葉を切除して，神経堤細胞（Nc）を示したもの．Nt; 神経管，So; 体節．矢印は神経堤細胞の主要な 2 つの移動経路を示す．

新・生命科学シリーズ

動物の発生と分化

浅島　誠・駒崎伸二／共著

太田次郎・赤坂甲治・浅島　誠・長田敏行／編集

裳華房

Animal Development and Cell Differentiation

by

Makoto Asashima
Shinji Komazaki

SHOKABO
TOKYO

「新・生命科学シリーズ」刊行趣旨

本シリーズは，目覚しい勢いで進歩している生命科学を，幅広い読者を対象に平易に解説することを目的として刊行する．

現代社会では，生命科学は，理学・医学・薬学のみならず，工学・農学・産業技術分野など，さまざまな領域で重要な位置を占めている．また，生命倫理・環境保全の観点からも生命科学の基礎知識は不可欠である．しかし，奔流のように押し寄せる生命科学の膨大な情報のすべてを理解することは，研究者にとっても，ほとんど不可能である．

本シリーズの各巻は，幅広い生命科学を，従来の枠組みにとらわれず，新しい視点で切り取り，基礎から解説している．内容にストーリー性をもたせ，生命科学全体の中の位置づけを明確に示し，さらには，最先端の研究への道筋を照らし出し，将来の展望を提供することを目標としている．本シリーズの各巻はそれぞれまとまっているが，単に独立しているのではなく，互いに有機的なネットワークを形成し，全体として生命科学全集を構成するように企画されている．本シリーズは，探究心旺盛な初学者および進路を模索する若い研究者や他分野の研究者にとって有益な道標となると思われる．

新・生命科学シリーズ
編集委員会

はじめに

発生学は，記載発生学と呼ばれる克明な観察とその記載を中心とした研究の時代から，実験発生学と呼ばれる実験的な手法を中心とした研究の時代を経て，最近の分子発生生物学へと大きく発展してきた．それにともない，今までの発生学とは比べ物にならないほど多くの情報に溢れ，その全体を詳細に把握することが容易ではなくなった．しかしながら，分子レベルの研究が発展したおかげで，それ以前の発生学と比べて，さまざまな発生現象をより具体的に理解できるようになった．たとえば，古くから議論されてきた細胞分化という概念も，遺伝子発現の制御の面から説明されると容易に理解することができるようになった．そして，線虫やショウジョウバエからヒトに至るまで，体つくりの基本的なしくみの類似性も明らかになった．その結果，今までは分子レベルの研究とはまったく無縁と思われてきた動物の進化についても，ホメオボックス遺伝子の発現パターンとの関連で，その一面が分子レベルで説明できるようになった．

このような分子発生生物学の知識の集積とともに，社会的な要請もはたらいて，現在では，発生生物学の研究の中心が，学問的な興味を中心としたものから応用的な研究へと移りつつあるように思える．現在，発生生物学の研究が向かう先には，再生医療という大きな目標がある．その目標に至るまでの過程には，クローン動物の作製や胚の操作技術の発展，遺伝子操作技術の応用などをはじめとした多くの知識の集積が必要であった．しかしながら，再生医療への発想は決して新しいものではなく，古くからイモリの手足や眼球などの再生を観察していた研究者は，この現象をヒトの病気や傷害の治療に応用できないものかと考えていた．それが，とうとう実現可能な時代になってきた．

本書では，動物の体が形成されるしくみについて，その分子的な背景を中心に解説する．その内容は，卵形成と精子形成から始まり，受精を経て，卵割から胞胚形成，原腸胚形成，神経胚形成へと展開する．そして，ホメオボックス遺伝子の役割を述べた後，細胞分化と器官形成について述べ，最後に，再生医療や老化の問題に及ぶ．この本を読んでいただいた読者の方々には，動物の体つくりに共通してはたらいている基本的なしくみを理解し，それらのしくみが線虫やショウジョウバエからわれわれ哺乳類に至るまでの進化の過程で延々と引き継がれてきたことを知ってほしい．そして，それらの知識が，これからの新たな技術である再生医療の発展へと大きく貢献していることを理解していただければ幸いである．

2011 年　8 月

著 者 一 同

目　次

1章 卵形成から卵の成熟へ

動物の発生の準備は卵形成の段階から開始される．卵形成の過程では，初期胚発生に必要な養分，多くの種類のタンパク質，mRNA，リボソーム，さらには，ミトコンドリアのような細胞小器官に至るまで，さまざまな物質を多量に合成したり，増殖したりして，卵母細胞内に蓄える．それらの物質の多くは，引き続く発生過程において，体の向きの決定，細胞増殖の調節，そして，胚細胞の将来の運命の決定など，動物の体つくりの基本的な作業に深く関わる．ここでは，卵形成過程におけるさまざまな物質の合成と蓄積と，それに引き続いて起こる卵の成熟過程などについて述べる．

1.1 卵形成

生殖細胞から分化した**卵原細胞**は，**卵母細胞**に移行し，**卵形成**（oogenesis）と呼ばれる成長過程を経て成熟した卵細胞になる．その過程では，減数分裂とともに，初期胚発生に必要とされる多くの種類の物質の合成が行われて，卵細胞内に多量に蓄積される．それらの物質には，たとえば，卵割期の活発な細胞増殖を制御する分子，胚細胞の将来の運命を決定する分子，そして，体の基本構造の形成に関与する分子など，さまざまなものが含まれている．とくに，卵生の動物では，この過程で合成されて蓄えられる養分が胚発生にとって必要不可欠なので，養分の合成と蓄積は卵形成における最も重要な作業の１つである．

卵生動物の多くは，その発生過程の初期段階においては，新たなタンパク質合成を必要とせずに活発な細胞増殖を行うことができる．それは，発生初期の段階で必要とする多くの種類のタンパク質や RNA など（これらは細胞増殖や体の基本構造の形成に関わる）が，卵形成の過程で多量に合成されて，卵母細胞内に多量に蓄えられているからである．たとえば，アフリカツメガエルの成熟卵の中には，卵割期の活発な細胞増殖に必要なDNAポリメラーゼ（体細胞の約 10^5 倍），ヒストンタンパク質（体細胞の約 1.5×10^4 倍），デオキシリボヌクレオシド三リン酸（体細胞の約 2.5×10^3 倍）をはじめとして，タンパク質合成に必要なリボソーム（体細胞の約 2×10^5 倍），そして，細胞小器官のミトコンドリア（体細胞の約 10^5 倍）などが多量に蓄えられている．

一方，発生過程において，母親から養分が供給される胎生の哺乳類では，卵生の動物のように養分を細胞質内に多量に蓄えておく必要がないために，卵母細胞内における養分の蓄積はわずかである．しかも，哺乳類の胚では比較的に早い時期から接合体の遺伝子によるタンパク質合成が行われるので，発生初期に必要とされるさまざまな分子についても，卵形成の過程で合成して卵母細胞内に多量に蓄積しておく必要性は少ない．それゆえ，哺乳類の初期胚発生の過程では，卵母細胞内に蓄積された分子に対する依存性が少ない．

このような卵形成の過程におけるさまざまな分子の合成と蓄積については，卵生動物の両生類やショウジョウバエなどにおいて詳しく調べられているので，ここではそれらの例を中心に述べる．

1.1.1　養分の合成と蓄積

卵生動物では，その発生過程で必要とする養分を**卵黄顆粒**（yolk granule），脂肪滴，そしてグリコーゲンなどの形で卵母細胞内に多量に蓄えている（図 1.1）．養分の中心となる卵黄顆粒の合成と蓄積については，両生類や魚類の卵形成で詳しく調べられている．それらの卵形成過程は，卵黄形成前の成長（previtellogenetic growth）の時期と，卵黄形成をともなった成

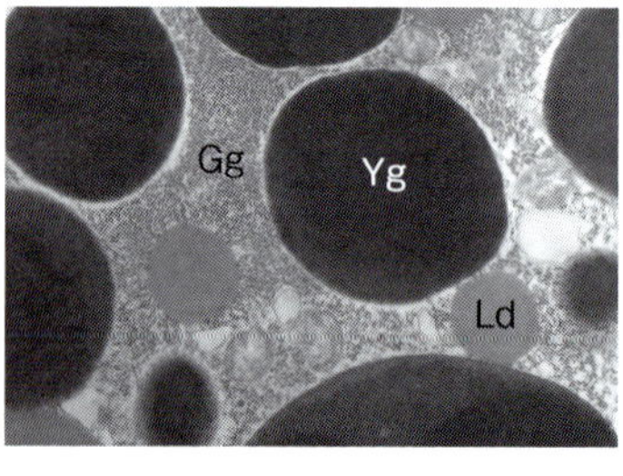

図 1.1　両生類の卵母細胞内に蓄えられた養分
卵細胞の細胞質内を埋め尽くすように蓄えられた卵黄顆粒（Yg），脂肪滴（Ld），そして，グリコーゲン顆粒（Gg）などを示す電子顕微鏡写真．

長（vitellogenetic growth）の時期に大きく分けられている．前者の時期には，リボソームや mRNA などが盛んに合成され，後者の時期には，卵黄顆粒を中心とした養分が盛んに合成されて細胞質内に蓄えられる．

両生類の例で見ると，卵黄形成をともなった成長が行われる時期には，脳下垂体から卵胞刺激ホルモンのゴナドトロピンが分泌され，それが卵母細胞を取り巻く濾胞細胞を刺激する．その結果，濾胞細胞からホルモンのエストロゲンが分泌され，それが肝臓に作用して卵黄顆粒の原料になる**ビテロゲニン**（*vitellogenin*）と呼ばれるタンパク質の合成を誘導する．ビテロゲニンは肝細胞で合成され，それが血中に分泌された後，エンドサイトーシスにより卵母細胞内に取り込まれる．取り込まれたビテロゲニンは，エンドソームからリソソームに移行すると，リソソーム内の加水分解酵素のカテプシンにより，**リポビテリン**（*lipovitellin*）と，**ホスビチン**（*phosvitin*）とに分解される．リポビテリンは脂質を多く含んだリポタンパク質で，ホスビチンはリン酸を多く含んだタンパク質である．それらのタンパク質が小胞体内で高濃度に濃縮されたものが卵黄顆粒である．その卵黄顆粒は，発生が開始されるまでの長い間，小胞体膜に包まれた状態で安定的に蓄えられている．そして，受精後，ただちに分解が開始され，発生に必要な養分として用いられる．

受精後，卵黄顆粒内に含まれている酸性加水分解酵素が活性化されることにより，卵黄顆粒成分の分解が開始され，細胞増殖に必要なアミノ酸，脂質などの養分を胚細胞に供給する．また，卵黄顆粒には，ビタミン類や，ホスビチンのリン酸基に結合した金属イオンの Ca^{2+}，Mg^{2+}，Fe^{2+}，Cu^{2+}，Zn^{2+}，Mn^{2+}などが微量に含まれているので，卵黄顆粒の分解にともない，それらも胚細胞に供給される．また，卵黄顆粒の中には，その主成分であるリポビテリンやホスビチンのほかにも，RNA，多糖，レクチンなどが微量に含まれていることが知られている．それゆえ，卵黄顆粒の分解にともない，これらの分子も細胞内に遊離されるか，あるいは，細胞外に分泌されると考えられる．このように，卵黄顆粒の分解は養分の供給だけではなく，発生の初期過程で必要とされるさまざまな物質の供給にも少なからず関わっている．

1.1.2　RNA の合成と蓄積

多くの種類の動物では，受精後から発生の一定の時期まで，RNA 合成やタンパク質合成を行わないか，行ってもそれらの活性度は非常に低い．このように，RNA やタンパク質の供給がなくても活発な細胞増殖を維持することができるのは，それに必要な RNA やタンパク質が卵細胞内に多量に蓄えられているからである．たとえば，DNA 複製に必要な素材や各種酵素，細胞周期を調節するタンパク質など，多くの種類の分子が卵細胞内に蓄えられている．そのほかにも，リボソームや mRNA などが卵形成の際に多量に合成され，卵細胞内に蓄えられている．それらが卵形成過程で多量に合成される際には，一般の細胞では見られない特殊な方法が用いられている．ここでは，リボソームや mRNA が卵母細胞内で多量に合成される際の特殊な方法について，両生類の場合を例に述べる．

a.　rRNA の合成と蓄積

リボソームが合成されるためには，まず，その中心的な構成要素である 4 種類の **rRNA**（5S，5.8S，18S，28S）が遺伝子から転写される必要がある．そして，転写された rRNA と数多くの種類のリボソームタンパク質が集合して複合体を形成することにより，リボソームの小粒子と大粒子の 2 つのサブユニットが形成される（図 1.2A）．卵形成の過程では，多量のリボソームを一定の期間内に合成する必要があるので，通常の体細胞で行われているものとは異なる特殊な方法が用いられている．

18S，5.8S，28S rRNA の 3 種類については，それらをまとめてコードしている **rDNA** から 1 つながりのセットとして RNA が合成され，合成された後にそれぞれの rRNA が切り離される．両生類の染色体上には，一倍体あたり約 450 コピーの rDNA が存在している．それだけでもかなりの数であるが，卵形成の際には特殊な方法を用いて，その rDNA の数をさらに膨大な数にまで増加させる．そして，一定の期間内に多量のリボソームを合成して卵母細胞内に蓄える．その特殊な方法は，450 コピーの rDNA を含む部分を数多く複製して染色体外に取り出し，染色体に存在するものとは別に rRNA の合成を行わせる方法である．この方法は，**遺伝子増幅**（gene amplification）と

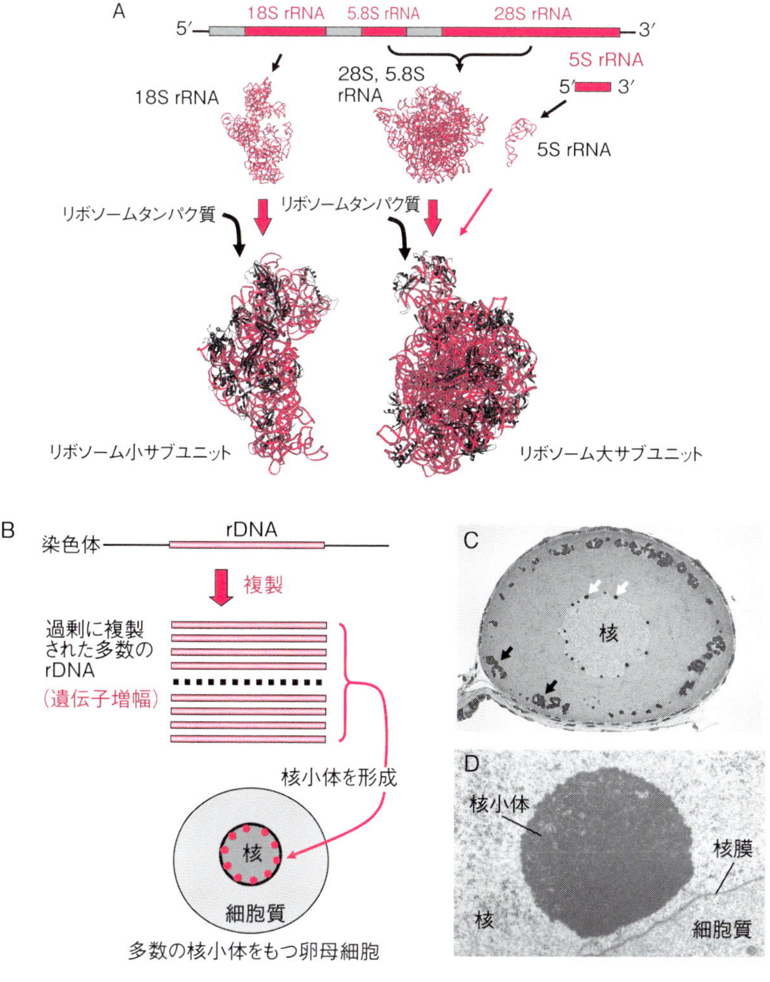

図 1.2　リボソームの合成

A：リボソームは rDNA から転写された rRNA に数多くのリボソームタンパク質が結合して形成されている．ここでは，原核細胞のリボソームの分子モデルを示してある．真核細胞のリボソームも原核細胞のものとよく似た立体構造をしている．B：染色体上の rDNA の部分が過剰に複製され，数多くの rDNA のコピーが染色体外に取り出される．コピーされた rDNA をもとにして，多数の核小体が核内に形成される．C：両生類の卵母細胞の核内に形成された多数の核小体（白い矢印）を示す光学顕微鏡写真．この時期の卵母細胞の細胞質には，卵黄顆粒の合成（黒い矢印）も見られる．D：卵母細胞の核膜付近に分布する核小体の電子顕微鏡写真．

呼ばれている（図 1.2B）．その結果，卵母細胞の核内には，数多くの rDNA のコピーが出現し，それをもとに活発な rRNA の合成が行われる．その様子は，卵母細胞の核膜に結合した多数（1500 以上にも及ぶ）の**核小体**として観察される（図 1.2C, D）．1 つの核小体に 450 個の rDNA のコピーが含まれているとすると，$1500 \times 450 = 6.75 \times 10^5$ 個の rRNA が同時に合成されている計算になる．この特殊な方法により，体細胞の約 2×10^5 倍にも及ぶほど多量のリボソームが卵形成の過程で合成され，卵母細胞の細胞質内に蓄えられる．両生類の場合では，接合体由来の遺伝子による rRNA の合成は胞胚の中期以降にならないと行われないので，それまでとその後しばらくの間に必要とされるリボソームが，この過程で合成されて卵母細胞の細胞質内に蓄えられる．その貯蔵量は，受精してから幼生に至るまでに必要とされるリボソームの量に相当するほどである．

5S rRNA は，1 つながりのセットとして合成される 18S，5.8S，28S rRNA とは別の部分の遺伝子で合成される．それら 4 種類の rRNA は，リボソームを形成する際に 1 つずつ必要とされるために，卵形成の過程では 5S rRNA も膨大な数が合成されることになる．そのために，卵形成の過程では，特別に約 2×10^4 個（染色体の一倍体あたり）の 5S rDNA が発現される．一般の体細胞では，約 400 個程度の 5S rDNA しか発現されていないので，卵形成の過程で特別に発現される数は膨大である．その膨大な数の 5S rRNA は**ランプブラシ染色体**（lamp brush chromosome）と呼ばれる特殊な形態をとった染色体上の特定のループで合成される．

b.　mRNA の合成と蓄積

多くの動物では，接合体による遺伝子の転写が開始されるのは，発生の開始後，しばらくたってからである．したがって，それ以前の発生段階で必要とされる mRNA は，卵形成の過程で多量に合成して卵母細胞内に蓄えておく必要がある．そのために，卵形成の過程の核内には，通常の体細胞には見られないランプブラシ染色体と呼ばれる特殊な構造をした染色体が形成され，RNA（mRNA や 5S rRNA など）の大増産が行われる．

発生の初期に必要とされる mRNA の多くは，卵形成過程の**第一減数分裂**

の**複糸期**に形成されるランプブラシ染色体により合成される．この時期の染色体は昔のランプを掃除するブラシによく似た構造をしているので，このような名称で呼ばれている．この染色体は，核内のDNA含量が多くて染色体の大きな両生類の卵母細胞を用いると，容易に観察することができる（図1.3）．

ランプブラシ染色体の側面には，DNA鎖が伸展して形成された多数のループ構造が見られ，そのDNAループ上では，活発なRNA合成が行われている．1つのループ上にはいくつかの遺伝子が存在しているので，そのループが転写されると複数の種類のRNAが同時に合成される．そこで合成されているRNAの多くのが**α-アマニチン**で阻害されるmRNAタイプであるが，ループの一部には，5S rRNAのようにα-アマニチンで阻害されないタイプのRNAを合成しているものもある．このα-アマニチンは，毒キノコのタマゴテングタケから見つかった環状ペプチドで，真核細胞では，mRNAを合成するRNAポリメラーゼⅡを特異的に阻害することが知られている毒物である．

このように，ランプブラシ染色体で合成されているmRNAについては，

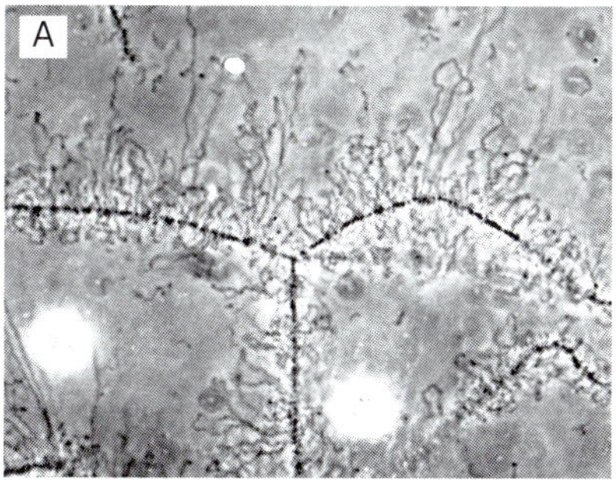

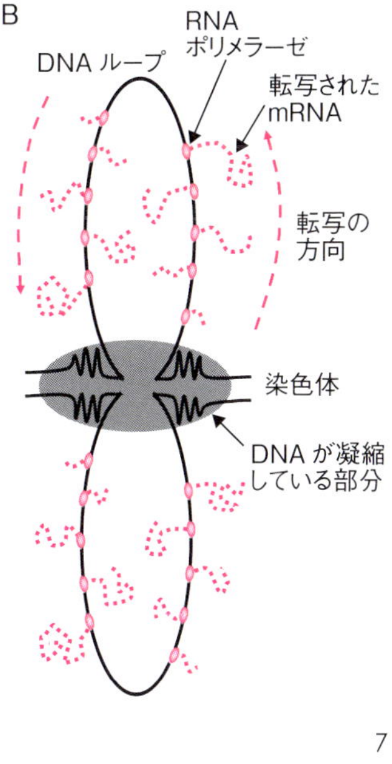

図1.3　ランプブラシ染色体
A：両生類の卵母細胞から取り出したランプブラシ染色体の位相差顕微鏡写真．染色体から無数に伸びたループ上では活発なRNA合成が行われている．B：ランプブラシ染色体の基本構造を示すモデル．ループ状に伸びたDNAにはいくつかの遺伝子が存在し，それらの転写が行われている．

塩基配列が特徴的なくり返し構造からなるタイプのものが多く，それらは翻訳されないタイプの mRNA と考えられている．たとえば，卵母細胞内に蓄えられた mRNA（ポリ A 構造をもつ RNA）の 20％程度が翻訳可能なタイプであるが，残りのものは翻訳されないタイプと考えられている．

1.1.3　ミトコンドリアの蓄積

卵細胞には多量の**ミトコンドリア**が存在していることが多くの動物で知られている．たとえば，ウニの卵細胞では $1.5 \sim 3.0 \times 10^5$ 個，カエルの卵細胞では約 10×10^7 個ものミトコンドリアが存在する．これらは，卵形成の過程で多量に増殖したミトコンドリアが，卵細胞内に蓄えられているからである．

多くの種類の卵生の動物では，接合体の遺伝子から合成されたタンパク質をもとに，新たなミトコンドリアの増殖が行われるのは発生の一定の時期になってからである．それは，卵割期のタンパク質合成の活性が低いために，その間のミトコンドリアの増殖が難しいからである．たとえば，接合体の遺伝子から合成されたタンパク質をもとにミトコンドリアの増殖が活発に起こるのは，魚類では原腸胚期の前，両生類では幼生の時期になる前である．それまでは，卵細胞内に蓄えられた多量のミトコンドリアが発生に必要なエネルギーの供給や細胞内の Ca^{2+} 濃度の調節などを行っている．

また，両生類の卵形成初期の卵母細胞内には，**ミトコンドリアの集合体**（mitochondria cloud，図 1.4）が観察され，その集合体と一緒に多くの種類の mRNA が局在している．卵形成にともない，このミトコンドリアの集合体は卵母細胞の植物極域に移動する．その移動にともない，一緒に分布している mRNA も植物極域へ輸送され，そこでミトコンドリアとともに蓄積される．後述するように，ミトコンドリアは卵母細胞内で合成された mRNA の輸送や，その偏った蓄積などにも重要な役割を果たしていることが両生類やショウジョウバエの卵形成で知られている．

1.1.4　細胞増殖に必要なタンパク質の蓄積

卵割期の細胞増殖は体細胞と同じ有糸分裂であるが，その細胞周期は非常に短い時間でくり返される．これは 2 章で述べるように，卵割期の細胞周期

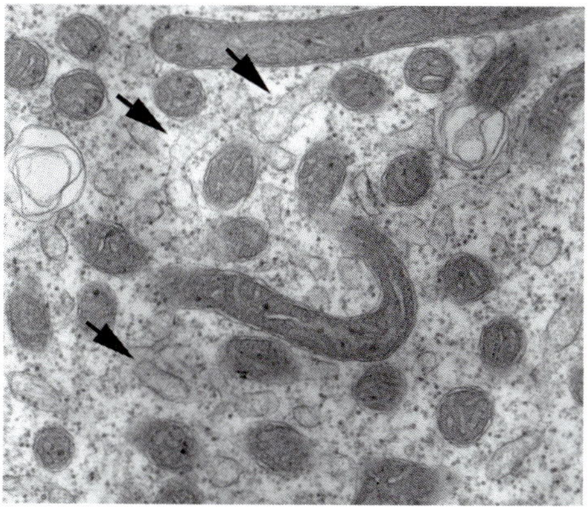

図 1.4 両生類の卵母細胞に見られるミトコンドリアの集合体
ミトコンドリアの集団の電子顕微鏡写真．数多くのミトコンドリアに混じって小胞体（矢印）も多数集合しているのが見られる．

がタンパク質合成やRNA合成に必要な G_1 や G_2 期を省いているからである．そのために，活発な細胞増殖に必要なタンパク質をまかなうほどのタンパク質合成は不可能である．それにもかかわらず，細胞増殖が可能なのは，それに必要なタンパク質が卵細胞中に多量に蓄えられているからである．細胞が増殖するためには，DNAの複製に必要な各種の酵素タンパク質や，複製されたDNAに結合してヌクレオソーム構造を形成するヒストンタンパク質など，数多くの種類のタンパク質が必要とされるが，それらは卵形成の過程で多量に合成されて卵細胞中に蓄えられている．そのために，タンパク質合成をしなくても，しばらくの間は細胞増殖を続けることができる．

さらに，卵割の細胞周期を調節する多くの種類の調節タンパク質も，卵母細胞中に多量に蓄えられている．たとえば，その中の1つに，転写因子の ***Myc***（ミック）と呼ばれるタンパク質がある．卵割期における *Myc* のはたらきは，DNA複製の際の**開始部位**（initiation site）に結合して，細胞周期の進行を促進したり，それに必要な染色体構造の調節などを行ったりしていると考えられている．カエルの卵細胞には，この *Myc* が体細胞の約 10^5 倍に及ぶほど多量に蓄えられている．受精後，*Myc* は細胞質から核内に移動し，細胞増殖に関わる遺伝子を活性化させて活発な細胞増殖を誘導する．卵細胞に蓄えられていた *Myc* は原腸胚の時期になると速やかに分解され，それに伴い細胞増殖の速度も低下する．そして，その後の発生過程では，接合体の遺伝子から新たに合成された *Myc* が用いられるようになる.

また, 発生の初期には, 接合体の遺伝子が発現する前（多くの動物の場合, 胞胚の中期以前）からでも, あまり活発ではないが, タンパク質合成は行われている. それを可能にしているのは, 卵形成の過程で多量に合成されて, 卵母細胞内に蓄えられている mRNA, rRNA, tRNA などの存在である.

1.1.5　体の基本構造の形成に関わる因子の蓄積

動物の発生過程では, 卵細胞内に偏った分布で蓄えられている特別な mRNA やタンパク質が, 体の基本構造の決定や胚細胞の将来の運命を決定する際に重要な役割を果たしている. これらの分子は卵形成の過程で合成され, 卵母細胞内に蓄えられたものなので, 一般に, **母性因子**（maternal factor）と呼ばれている. 前述した転写因子の *Myc* などはその例である. ここでは, 動物の体の基本構造を決定する母性因子の蓄積について詳しく知られているショウジョウバエや両生類のカエルなどの卵形成の場合を例に述べる.

a. ショウジョウバエ

ショウジョウバエでは, 卵細胞を形成するもとになる細胞が 4 回の細胞分裂を経ることにより 16 個の細胞に分裂し, そのうちの 1 個だけが卵母細胞になる. そして, 残りの 15 個は**ナース細胞**（nurse cell, 保育［哺育］細胞）と呼ばれる細胞になる. それら 16 個の細胞は細胞分裂を経ても完全に分離しないで, **細胞間連絡**（ring canal）と呼ばれる細胞間の通路を介して細胞質どうしが連続している（図 1.5A）. ナース細胞と卵母細胞どうしが互いに連続しているのは, ナース細胞が卵母細胞の形成を助けるためである. そして, それら 16 個の細胞の周囲は**濾胞細胞**と呼ばれる上皮細胞の層に取り囲まれている.

ショウジョウバエの卵形成の場合も, 初期発生の過程で必要とする多量な養分の合成と蓄積が重要な作業の 1 つであるが, それと同時に, 体の構造の基本的な設計に関わるさまざまな母性因子の合成と蓄積が行われる. それらの母性因子の中でよく知られているのが, 発生の初期過程において胚の前後方向や背腹方向を決定する何種類かの分子である. 胚の前後方向を決定するのに重要な役割を果しているのが, ビコイド（***bicoid***）やナノス（***nanos***）

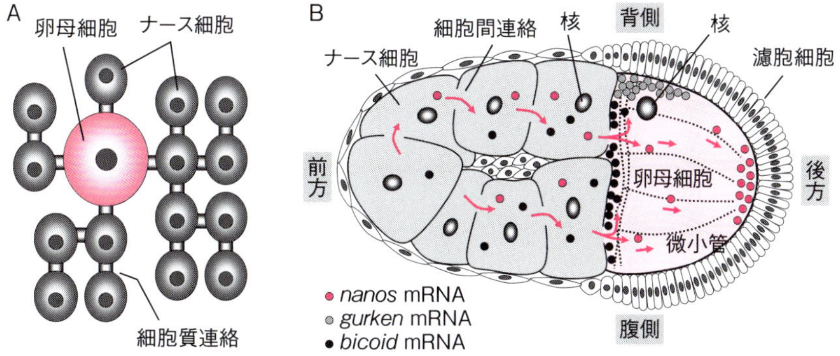

図 1.5　ショウジョウバエの卵形成

A：ショウジョウバエの卵細胞と15個のナース細胞との関係を示す模式図．ナース細胞どうしやナース細胞と卵母細胞の細胞質は細胞間連絡で連続している．B：ナース細胞で合成された母性因子が細胞間連絡を通って卵母細胞に運ばれ，その細胞質内に局在して蓄えられる様子を示す模式図．赤い矢印は母性因子の輸送方向を示す．ここでは，ナース細胞で合成された2種類の母性因子（ビコスとナノス）が卵母細胞内に輸送され，局在して蓄えられる様子と，卵母細胞で合成された1種類の母性因子（グルケン）の例が示されている．

と呼ばれる mRNA である．これらは卵形成の過程でナース細胞により合成され，細胞間連絡を通して卵母細胞内に輸送される．そして，卵母細胞に輸送されたそれらの分子は，将来の胚の前部と後部になる領域まで運ばれて，そこに蓄えられる（図 1.5B）．さらに，将来の胚の背側になる領域に移動した卵母細胞の核からは ***gurken***（グルケン）と呼ばれる mRNA が合成され，そこに蓄えられる．

このように，卵形成の過程で合成された特定の mRNA やタンパク質などが，卵母細胞内の決められた部位まで運ばれて，そこで母性因子として蓄えられるための特別なしくみが存在する．たとえば，ナース細胞で合成されたビコイドやナノスなどの mRNA は，卵細胞に輸送された後，**モータータンパク質**（motor proteins，コラム 2）と呼ばれる特殊なタンパク質に結合して目的の場所まで移動する．そのモータータンパク質には，微小管上を移動する**キネシン**（*kinesin*）と**ダイニン**（*dynein*），そして，アクチン繊維上を移動するミオシンなどが知られている．これらのモータータンパク質は

コラム1
モータータンパク質

真核細胞には，アクチン繊維や微小管などの細胞骨格繊維と結合して，それらの繊維上を高速移動するタンパク質が存在する．それらは，モータータンパク質と呼ばれ，微小管に結合してその上を移動する**キネシン**と**ダイニン**，そして，アクチン繊維に結合してその上を移動する**ミオシン**などがよく知られている．それらは共通して，ATPを加水分解する領域，細胞骨格繊維に結合する領域，をもっている．そのために，モータータンパク質は，ATPを加水分解したエネルギーにより自身の立体構造を変化させ，その変化をうまく利用しながら，細胞骨格繊維上を高速で移動することができる．

さらに，モータータンパク質には，タンパク質や，RNAなどの分子，ミトコンドリアや小胞体などの細胞小器官と結合する性質がある．そのために，モータータンパク質は自身と結合した物質を，細胞骨格繊維に沿って一定の方向に輸送する役割を果たしている．モータータンパク質が細胞骨格繊維上を移動する方向は一定ではなく，たとえば，キネシンとダイニンでは逆で，それぞれ，微小管のプラス側とマイナス側に向かって移動する（コラム図1）．

ミオシンには多くのタイプがあり，それらの中でモータータンパク質としてはたらいているのはタイプⅠ，Ⅴ，Ⅵ，Ⅸなどである．ミオシンは頭部と尾部と呼ばれる共通した基本構造からなり，ATPを加水分解してアクチン繊維と結合するのが頭部で，それにαヘリックス構造をした尾部が付いている．筋細胞のミオシンであるタイプⅡは多数の分子が重合して太い繊維構造を形成しているが，モータータンパク質としてのミオシンは繊維構造を形成しない．ミオシンのタイプⅠとⅤはアクチン繊維のプラス側に向かって移動するが，タイプⅥとⅨはその逆方向に移動する．

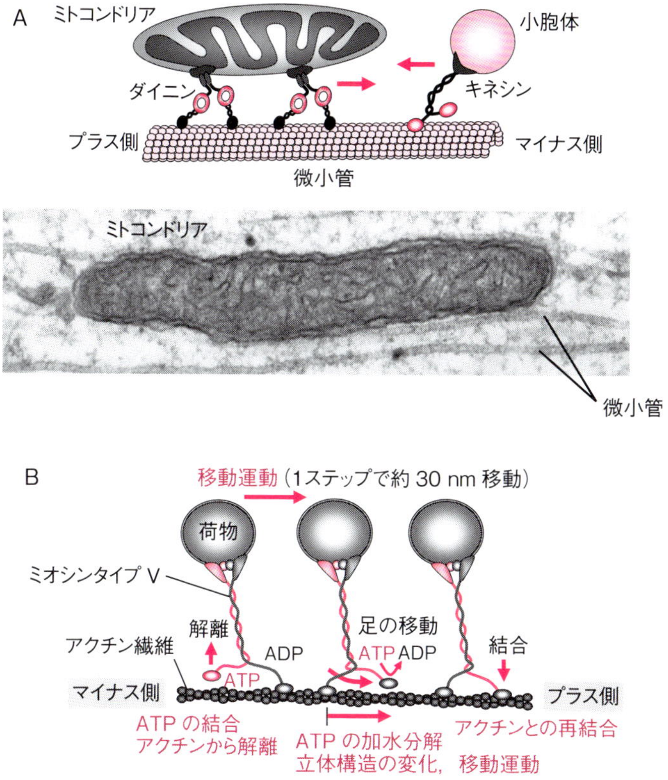

コラム図 1　微小管上を移動するモータータンパク質

A：微小管上を移動するモータータンパク質のキネシンとダイニンの模式図を示す．両者の移動方向は逆である．赤く示した部位で ATP を加水分解しながら微小管の上を移動する．モータータンパク質は荷物を結合して移動するので，結果的に，荷物を一定の方向に運搬することになる．電子顕微鏡写真はミトコンドリアが微小管に沿って輸送されているところを示す．B：ミオシンのタイプ V はアクチン繊維上をプラス方向に移動する．ATP を加水分解したエネルギーにより，ミオシンの頭部を足のように動かしてアクチン繊維に結合しながらその上を移動する．その際には，尾部に結合した荷物をアクチン繊維に沿って運搬する．

mRNAを結合して**細胞骨格繊維**上を移動することにより，母性因子を特定の部位まで運ぶ役割を果たしている．

卵母細胞内の輸送機構により特定の場所まで運ばれた母性因子のmRNAは，翻訳活性が抑えられた状態で，発生が開始されるまでその場所に蓄えられる．それらのmRNAには，*osker*（オスカー），*swallow*（スワロー），*staufen*などと呼ばれる何種類かのタンパク質が結合して，mRNAをその場に保留させたり，mRNAの翻訳を調節したりする役割を果たしている．そして，発生過程でそれらのmRNAが必要になると，翻訳の抑制が解除されてタンパク質合成が開始される．

b. 両生類

両生類の卵細胞の中には，胚の背腹方向を決定する何種類かの**母性因子**が局在して蓄えられている．それらの因子には，たとえば，卵細胞の植物極の側に蓄えられている***Vg1***（ベジワン）や***VegT***（ベジティー）などのmRNA，そして，***dishevelled***（ディシュベルド）と呼ばれるタンパク質などが知られている．これらの母性因子が初期胚の背腹方向を決定するしくみについては3章で詳しく述べる．また，これらのほかにも，多くの種類の母性因子が卵細胞の動物極や植物極側に局在して蓄えられており（図1.6），それらは発生過程で重要な役割を果たしている．

両生類の卵形成の過程では，母性因子が特定の領域へ輸送されて蓄積さ

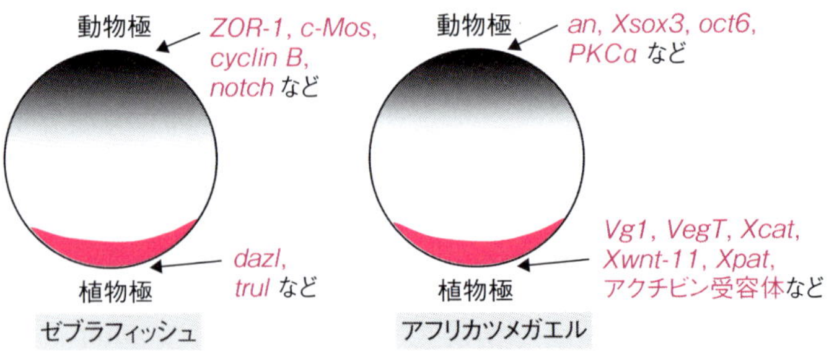

図1.6　未受精卵に局在して蓄えられている母性因子
ゼブラフィッシュとアフリカツメガエルの未受精卵の動物極と植物極に局在して蓄えられている母性因子の例を示す．

れる2つの方法が知られている（図1.7）．その1つは，卵形成の初期に見られる**METRO**（messenger transport organizer）経路と呼ばれるmRNAの輸送方法である．この方法では，ミトコンドリアの集合体と一緒に集合したmRNAが，やがて，ミトコンドリアとともに植物極側に移動して，そこに蓄積される．この経路では，*Xcat2*, *Xlsirts*, *Xpat*, *Xwnt*（Xウイント）などのmRNAがミトコンドリアと一緒に植物極側に輸送されて蓄積されることが知られている．それらの中には，後述するように，生殖細胞への運命を決定する役割を果たすものも含まれている．

もう1つは，卵形成の後期に見られるもので，この方法では，核周辺から植物極の方向に向かって伸長した微小管に沿ってmRNAが輸送される．そして，植物極の領域に輸送されたmRNAはそこに蓄えられる．卵形成の初期に細胞質全体に分布していた*Vg1*や*VegT*は，卵形成の後期になると，この方法で植物極側に輸送される．この際のmRNAの輸送にも，ショウジョウバエのmRNAの輸送の場合と同じように，微小管上を移動するモータータンパク質が活躍している．たとえば，小胞体に結合している*Vg1*は*vera*（ベラ）と呼ばれるタンパク質を介してキネシンと結合することにより，微小管に沿って植物極まで輸送される．このようにして植物極側の細胞膜直下に蓄えられたmRNAやタンパ

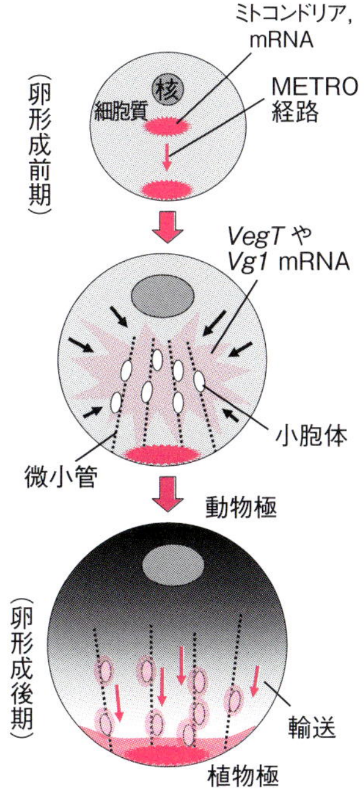

図1.7　両生類の卵形成の過程で見られる母性因子の輸送と蓄積
核で合成されたmRNAの一部は卵母細胞の植物極まで運ばれてそこに蓄えられる．その際には2つの方法が用いられる．その1つは，卵形成の初期の過程に見られるMETRO経路とも呼ばれる輸送方法である．そして，2つ目は，卵形成の後期の過程で見られる輸送方法で，その際には，小胞体に結合したmRNAがモータータンパク質によって植物極まで輸送され，そこに蓄えられる．

ク質は，3章で述べるように，受精にともなって行われる体の背腹方向の決定や，以下に述べるような，生殖細胞の運命の決定などに重要な役割を果たしている．

1.1.6　胚細胞の運命を決定する因子の蓄積

卵細胞の中には，将来の胚細胞の運命を決定するためのさまざまな**母性因子**が局在して蓄積されている．それらは，卵割にともない，一部の胚細胞にのみ分配されて，その胚細胞の将来の運命を決定する役割を果たしている．ここでは，それらの因子の一例として**生殖細胞**への運命を決定している因子について述べる．多くの動物種において，生殖細胞の運命を決定する**生殖質**（germ plasm），あるいは，**極細胞質**（pole plasm）と呼ばれる特殊な物質が卵細胞内に母性因子として蓄積されている．この物質は，卵割にともない一部の胚細胞のみに分配されて受け継がれ，この因子を受け継いだ胚細胞だけが将来の生殖細胞になり，その他の胚細胞はすべて体細胞になる．このしくみは，線虫，ショウジョウバエ，カエルなどで詳しく調べられている．

生殖質は卵形成の過程で合成され，卵母細胞内に局在して蓄積される．その際には，ミトコンドリアが重要な役割を果していることも知られている．たとえば，ショウジョウバエの胚では，ミトコンドリア由来のリボソームによるタンパク質合成が生殖質の形成に関与している．また，カエルの胚では，生殖質の形成と植物極への移動がミトコンドリアの集合体の移動と密接に関わっている．

線虫では，**P顆粒**（p granules）と呼ばれるRNP（ribonucleoprotein，RNAとタンパク質の複合体）が卵細胞の細胞質内に蓄えられていて，卵割にともない，その顆粒が特定の系列の割球にのみ引き継がれる．その結果，P顆粒を引き継いだ胚細胞だけが将来の生殖細胞になる（図2.5）．ショウジョウバエでは，卵形成の過程で合成された生殖質が**後極**と呼ばれる胚の後端部に運ばれてその部分に蓄えられる．その生殖質には**極顆粒**（pole granules）と呼ばれる顆粒が存在し，卵割の過程で極顆粒が特別の胚細胞だけに分配され，それを含んだ細胞が将来の生殖細胞になる．両生類の場合も，ショウジョウバエと似たような生殖質が卵形成の過程で合成され，植物極の部分に輸送された後，そこに蓄積される．そして，卵割の過程で，生殖質が特定の胚細胞だけに受け継がれ，それを受け継いだ細胞が将来の生殖細胞になる．そして，それ以外の胚細胞は体細胞になる．

哺乳類では，ショウジョウバエやカエルなどのような母性因子としての生殖質の存在は知られていない．哺乳類では，ショウジョウバエやカエルなどとは少し異なり，発生が進んだ一定の時期に他の細胞からの誘導作用を受けて生殖細胞が分化すると考えられている．その際の誘導作用にはBMP(bone morphogenetic protein，骨形成タンパク質）と呼ばれる成長因子の一種が中心的な役割を果している．誘導作用により生殖細胞へと運命付けられた胚細胞は，体細胞に移行しないように未分化状態に維持され，やがて生殖細胞になる．

1.2　減数分裂

卵形成の過程では，初期胚発生に必要なさまざまな物質の合成や蓄積とともに，**減数分裂**が行われる．減数分裂の過程は，DNAの複製をともなう**第一減数分裂**と，それに引き続いてDNAの複製なしで起こる**第二減数分裂**からなる．これらの2回の分裂を経ることにより，精子形成の場合には，2回の細胞分裂を経て一倍体（$\boldsymbol{n}$）の精子が4つ形成される．一方，卵細胞の場合には，2回の細胞分裂を経て一倍体の卵細胞が1つ形成されるだけで，残りの3つの細胞は極体（あるいは極核）となり捨てられてしまう(図1.8).

減数分裂の過程では，体細胞の染色体を半分にする作業とともに，父親由来と母親由来（この場合は両親の父親と母親）の相同染色体の間における**遺伝的組換え**（genetic recombination）と，相同染色体のランダムな**シャッフリング**（shuffling）が行われる（図1.9)．前者では染色体上の遺伝子の多様な組合せが，そして，後者では，相同染色体のランダムな組合せによる多様化が行われる．たとえば，ヒトの場合では23ペアの相同染色体をもつので，相同染色体のランダムなシャッフリングによる組合せの可能性が2^{23}(8,388,608)通りある．それが子供に伝わる際には，さらに$8{,}388{,}608^2$になる．この確率に，遺伝的組換えによる多様性も加わると，次の世代へと伝えられ

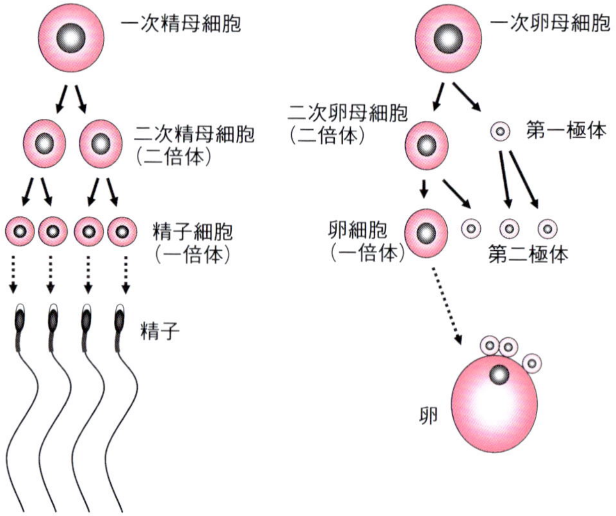

図 1.8　減数分裂
減数分裂を経ると，一倍体の精子は 4 つ形成される．一方，一倍体の卵細胞は 1 つだけしか形成されない．残りの 3 つの細胞は極体となる．

る遺伝子の組合せは天文学的な数になり，その中の 1 つが選ばれて次の世代へと伝えられることになる．このような多様な遺伝子の組合せは，多様な環境の変化に適応して発展してきた動物の進化において重要な役割を果たしてきた．

1.2.1　減数分裂の停止と再開

両生類や哺乳類など，多くの動物の卵形成の過程では，**第一減数分裂**の前期でいったん停止する．動物によっては，非常に長期間（たとえば，ヒトでは，最長で 50 年間くらいに及ぶ場合もある）にわたって停止を続けるものもあり，その後，停止を解除する刺激が卵母細胞に作用すると減数分裂が再開される．両生類では，産卵の時期になると，ステロイドホルモンのプロゲステロンの作用により停止していた第一減数分裂が再開されて，第二減数分裂に進行する．そして，第二減数分裂の中期まで進行すると，そこで細胞周期が再び停止され，受精されるまで待機している．やがて，受精が行われると，**第二減数分裂**中期の停止から解除され，有糸分裂へと移行して発生を開始す

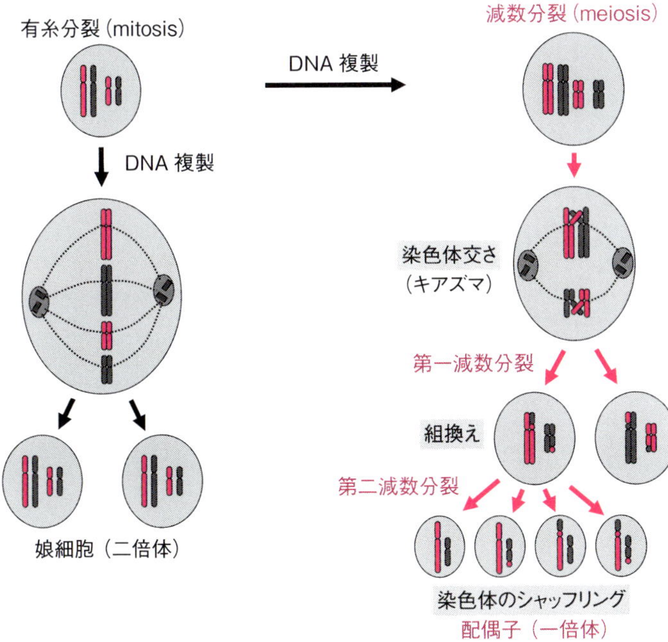

図 1.9　有糸分裂と減数分裂

有糸分裂では，分裂前とまったく同じ遺伝子のセットをもつ娘細胞が形成される．一方，減数分裂では，染色体交さによる遺伝子の組換えや，シャッフリングによる染色体のランダムな組合せにより，多様な遺伝子の組合せをもつ配偶子（一倍体）が形成される．ここで示した例のように，染色体を 2 ペアもつ細胞の場合では，シャッフリングによる一倍体の染色体の組合せは $2^2 = 4$ 通りである．

る．このような，減数分裂の過程で見られる細胞周期の一時停止と再開は，2 種類の因子により調節されている．それらは，**卵成熟促進因子**（maturation promoting factor，**MPF**）と**細胞分裂停止因子**（cytostatic factor，**CSF**）と呼ばれる因子である．卵細胞の成熟から受精に至るまでの過程では，それらの因子の活性に大きな変化が見られ（図 1.10），それにより，卵細胞の細胞周期の制御が行われている（コラム 2）．

1.2.2　卵成熟促進因子と細胞分裂停止因子

ここでは，卵形成の過程が詳しく調べられている両生類の場合を例に述べる．卵形成過程をほぼ完了して，**第一減数分裂**の前期でその過程を停止して

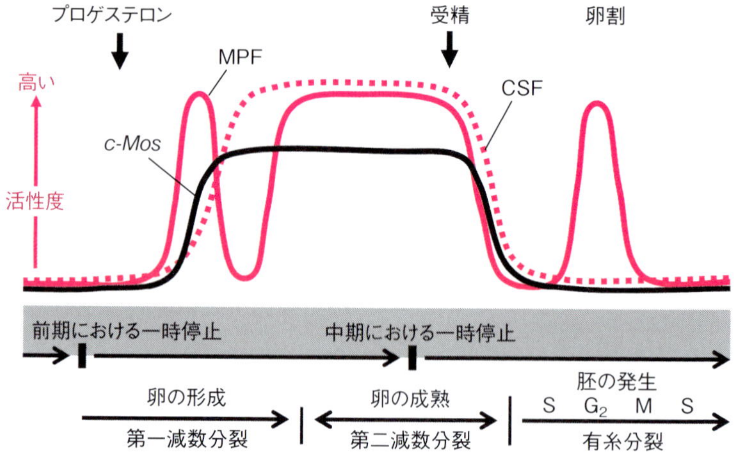

図 1.10　卵形成から受精に至る過程
動物の減数分裂から受精に至る過程では，その進行の一時停止が 2 回行われ，それらの停止はホルモンの作用と受精により解除される．その際に重要な役割を果たしている因子が MPF と CSF である．それらの因子により卵形成から受精に至る過程の停止と進行が制御されている．ここでは両生類の例を示す．

いた卵母細胞は，産卵期になると卵の成熟を再開する．最初，このような卵の成熟の再開を引き起こす因子の存在が仮定され，その因子に**卵成熟促進因子**という名が付けられた．その後の研究により，卵成熟促進因子は細胞周期を制御している**サイクリン**と *Cdc2*（CDK の一種）の複合体であることが明らかにされた．そして，この複合体は有糸分裂の細胞周期を制御している**中期促進因子**（metaphase promoting factor，**MPF**）と同じものであることもわかった．同じ略名のこの中期促進因子も，卵成熟促進因子と同じサイクリンと CDK の複合体である．

一方，卵成熟過程を一時的に停止させている因子の存在も仮定され，**細胞分裂停止因子**と名づけられた．この因子は，細胞周期を**第二減数分裂**の中期で一時停止させている因子である．その後の研究により，この因子の正体は，*c-Mos* 遺伝子から翻訳されたタンパク質（リン酸化酵素の一種）を中心にした細胞内の情報伝達系であることが明らかになった．この *c-Mos* 遺伝子は，がんの形成に関連する**原がん遺伝子**（**プロトオンコジーン**，proto-

コラム 2
細胞周期の制御

真核細胞の細胞周期は，DNA を複製する S 期，複製された染色体と細胞の分離を行う M 期，そして，S 期と M 期に必要な RNA 合成やタンパク質合成などを行う G_1 期と G_2 期からなる．M 期は**分裂期**（mitotic phase），それ以外の時期は**間期**（あるいは，**静止期**，interphase）と呼ばれている．発生過程のように細胞の数を増やす必要がある場合には，細胞周期を頻繁にくり返して細胞増殖するが，やがて，増殖を完了すると，多くの細胞が分化して細胞周期から外れた状態（G_0 期と呼ばれる）に移行して，細胞周期を停止する（コラム図 2.1A）．動物の体を構成している細胞のほとんどは分化した後，それ以上に細胞増殖できなくなり，やがて寿命が尽きると死んでしまう．その一方で，非常に数は少ないが，細胞増殖能を維持した**未分化細胞**が存在し，それが細胞分裂をくり返して，寿命が尽きて失われてしまう細胞や，ケガなどにより失われた細胞を補充している．

細胞周期の進行や停止は多くの種類のタンパク質により制御され

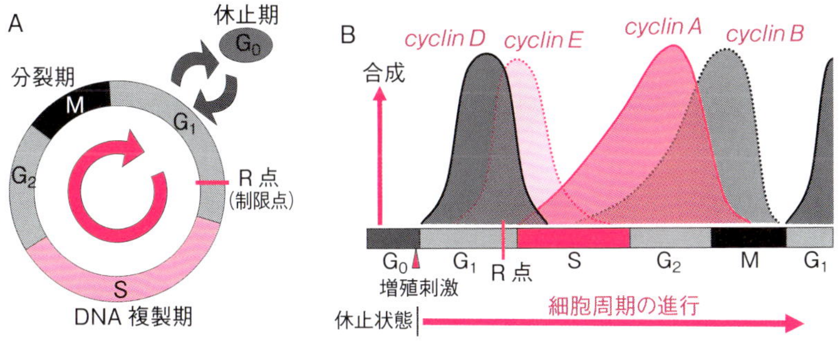

コラム図 2.1　細胞周期

A：細胞周期の 1 周と，その周期から外れて細胞増殖を休止した状態の G_0 期を示す．G_0 期の細胞は，成長因子などの刺激により，再び細胞周期に復帰して増殖を開始する．B：休止状態から細胞周期が再開する過程で見られるサイクリンの発現パターンを示す．細胞周期の進行を制御するサイクリンは，それを必要とされる時期に合成されて，その役割を終えると速やかに分解される．

ている．それらの中で中心的な役割を果しているのが**サイクリン**（*cyclin*），**CDK**（サイクリン依存性のリン酸化酵素，*cyclin* dependent kinase），そして，**CKI**（リン酸化酵素の阻害因子，cdk inhibitor）と呼ばれる 3 つのグループのタンパク質である．CDK は細胞周期の間で比較的に量的な変動は少ないが，サイクリンは細胞周期の間で量的な変化が顕著である（コラム図 2.1B）．それは，細胞周期におけるサイクリンの量的な変化が細胞周期の調節に重要な役割を果たしているからである．そのために，サイクリンは，それを必要とする細胞周期の特定の時期に合成され，CDK と複合体を形成することにより CDK のリン酸化酵素機能を活性化させる役割を果たしている．そして，その役割を終えたサイクリンは，**ユビキチンリガーゼ**と呼ばれるタンパク質複合体（たとえば，*APC/C* や *SCF* と呼ばれる複合体など）により**ユビキチン**（*ubiquitin*）と呼ばれるタンパク質が付加された後，**プロテアソーム**（proteasome）と呼ばれる特殊なタンパク質分解装置により選択的に分解処理されてしまう（コラム図 2.2）．一方，CKI はサイクリンと CDK の複合体に結合して，CDK のリン酸化酵素活性を阻害することにより細胞周期を抑制的に制御している（コラム図 2.3）．これらのタンパク質は，自動車の機能にたとえると，サイクリン，CDK，CKI が，それぞれ，アクセル，エンジン，ブレーキのような役割を果たしていると考えられている．

細胞増殖の制御は生物にとって非常に重要なことである．たとえば，抑制が効かなくなって細胞増殖が暴走してしまうと悪性のがん細胞のような状態になりかねない．そのために，細胞増殖は非常に厳密な管理のもとに制御されている．たとえば，細胞周期のアクセル役のサイクリンは必要な時にだけ合成され，必要がなくなったらすぐに分解処理されるというような方法が用いられている．そのほかにも，細胞増殖で最も重要な作業である，遺伝子の正確な複製と染色体の分配が正常に行われているかどうかを監視するためのチェック機構（コラム 4）が存在し，DNA の損傷，DNA 複製や染色体分離などの異常を厳重に監視している．

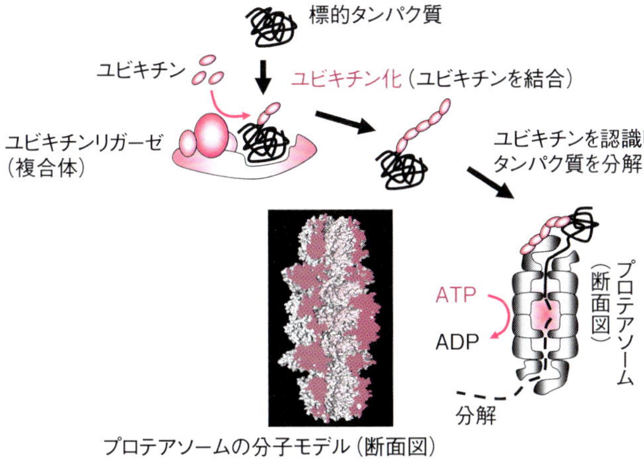

コラム図 2.2　プロテアソームによるタンパク質の選別とその分解
プロテアソームはタンパク質の複合体からなる大きな分子で，ユビキチンが結合されたタンパク質を認識して選択的に分解する役割を果たしている．プロテアソームがタンパク質を分解する際には ATP のエネルギーを用いて行う．細胞周期では，サイクリンをはじめとした多くの種類のタンパク質がプロテアソームにより選択的に分解される．原核細胞と真核細胞のプロテアソームの構造はよく似ている．ここでは原核細胞のプロテアソームの分子モデルを示す．

コラム図 2.3　サイクリンと CKI による CDK の活性化の制御
CDK はサイクリンと結合した後，その活性化調節部位がリン酸化されることにより，リン酸化酵素としての機能が活性化される．活性化された CDK は，その活性部位に結合した ATP を利用して標的タンパク質をリン酸化する．CKI の一種の *p27* は CDK とサイクリンの複合体にまとわり付くように結合して CDK の活性部位を塞いでしまう．その結果，ATP の結合が妨げられて，CDK の酵素機能が阻害される．

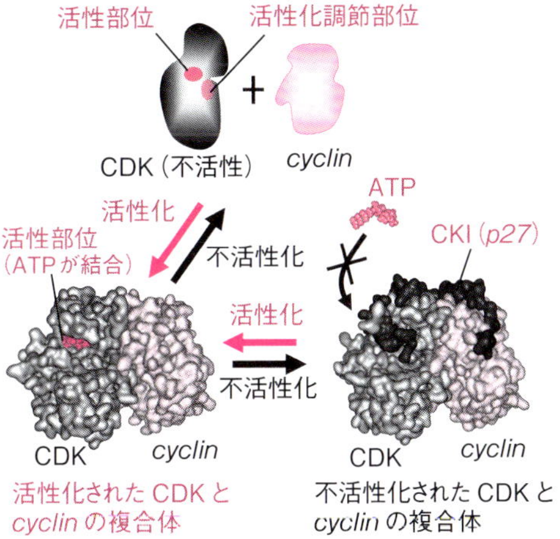

oncogene）としてもよく知られている遺伝子の１つである．

産卵期になると，性腺刺激ホルモンの影響により，卵母細胞を取り巻く濾胞細胞からホルモンのプロゲステロンが分泌されて卵母細胞に作用すると，卵母細胞内に蓄積されていた *c-Mos* やサイクリンＢなどの mRNA の翻訳抑制が解除されて，それらのタンパク質合成が誘導される．そして，合成された *c-Mos* のタンパク質はリン酸化されると活性型になり，*Cdc2* のリン酸化を引き起こして，卵成熟促進因子を活性化させる．その結果，活性化された卵成熟促進因子は，第一減数分裂の前期で停止していた卵母細胞を減数分裂の中期へと進行させる．そして，中期まで進行すると，その役割を終えたサイクリンＢは分解される．サイクリンＢが分解されると，減数分裂はさらに中期を通過して，第二減数分裂へと進行する．その後，サイクリンＢが再び合成されると，第二減数分裂の中期まで進行するが，その段階で再び減数分裂が停止される．この第二減数分裂中期における一時停止を引き起こしているのが細胞分裂停止因子である．その際には，*c-Mos* タンパク質が**ユビキチンリガーゼ**の *APC/C* の活性を阻害することによりサイクリンＢの分解を抑制し，成熟卵が受精されるまでの間，細胞周期を一時停止させる役割を果たしている（図 1.11A）．受精により，その一時停止から解放された受精卵は，減数分裂を経て有糸分裂へと移行して発生を開始する．

受精（2 章）により細胞内 Ca^{2+} 濃度の上昇が引き起こされると，Ca^{2+} 結合タンパク質の**カルモジュリン**が活性化される．活性化されたカルモジュリンがリン酸化酵素の**カルモジュリン依存性キナーゼ** II（*CaMKII*）やタンパク質分解酵素のカテプシン II の活性化を引き起こす．その結果，*c-Mos* のタンパク質が分解され，細胞分裂停止因子により抑えられていた *APC/C* の機能が活性化される．*APC/C* が活性化されると，サイクリンＢの分解が引き起こされて，受精卵は減数分裂から有糸分裂へと進行する（図 1.11B）．

1.3　精子形成

精子は父親から子に伝えられる一倍体の染色体をもつという点では母親由来の卵細胞と同じであるが，次の世代を形成する際の役割は卵細胞とは大き

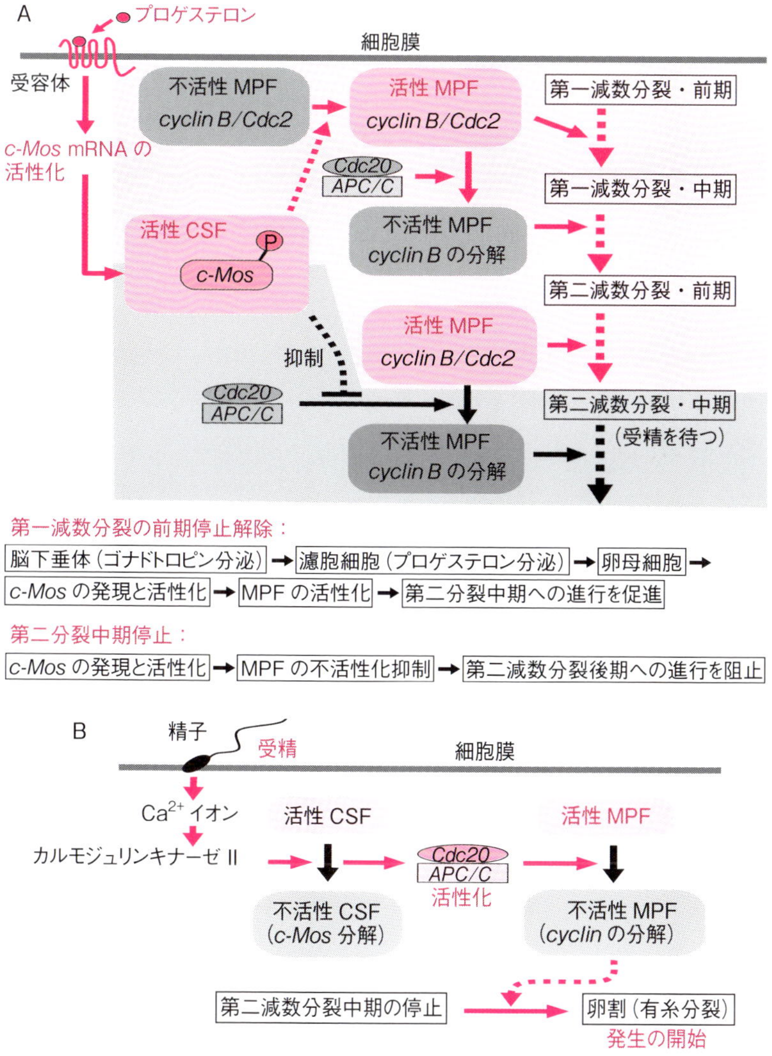

図 1.11　卵成熟促進因子と細胞分裂停止因子の役割

A：プロゲステロンの作用により，第一減数分裂前期の停止から解除される．減数分裂が再開されて第二減数分裂に移行した後，再び，第二減数分裂中期で停止して受精されるのを待つ．この過程には MPF と CSF が関わっている．ここでは両生類の場合を示す．B：受精により CSF が不活性化されて第二減数分裂中期の停止が解除される．卵細胞は減数分裂から有糸分裂の卵割へと進行して発生を開始する．

く異なる．卵細胞は次の世代へとそのまま連続する細胞として，そこから新たな個体を形成するための最初の細胞としての役割を果たす．一方，精子は父親からの一倍体の染色体を卵細胞に運ぶためだけに特殊化した細胞と考えることができる．それゆえ，両者の細胞の構造は大きく異なり，その形成過程も大きく異なる．

卵形成の過程では，減数分裂とともに，初期胚発生に必要な養分や母性因子などを多量に合成してそれらを細胞内に蓄えることが重要な作業であったが，**精子形成**の過程では，そのような養分や母性因子の合成と蓄積の必要性はない．精子形成の際に行われるのは，卵細胞にたどり着くための運動装置（鞭毛）と運動エネルギー供給のためのミトコンドリアの配備，**卵膜**を消化して卵細胞に進入するための消化酵素を含んだ小胞体（**先体**，acrosome）の形成，そして，遺伝子を保護するための特殊なDNAのパッキングなどで

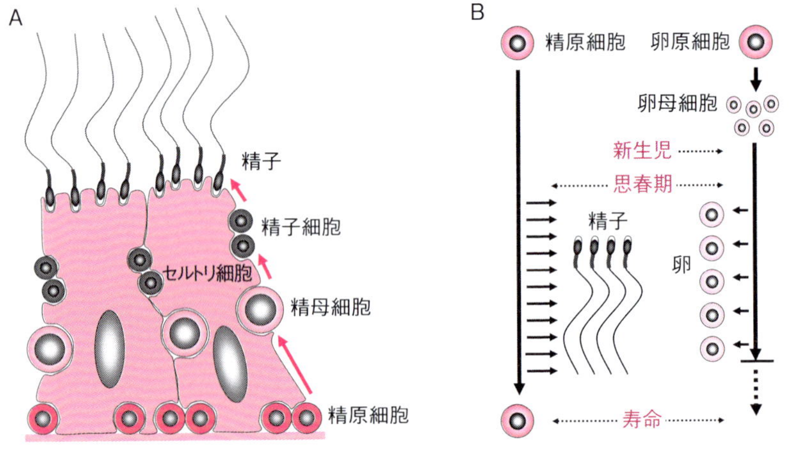

図 1.12　哺乳類の精子形成と卵形成
A：精子形成を示す模式図．精原細胞が分裂して精子になる細胞を供給する．精原細胞から精母細胞と精子細胞を経て精子が形成される．それを助けているのがセルトリ細胞である．B：ヒトの精子形成と卵形成の比較．精子形成の場合には，精原細胞が一生の間存在するので，その間は精子の形成が可能である．一方，卵形成の場合には，出産前にすべての卵原細胞は卵母細胞に移行してしまうので，それ以後は卵母細胞の供給はない．それゆえ，一生の間に排卵可能な卵細胞は，新生児までに形成された卵母細胞の数で決まってしまう．

ある．それゆえ，精子形成の過程では，減数分裂とともにそれらの作業が行われる（図 1.12A）．このような精子形成の場合にも，卵細胞の場合と同じく，その形成を補助する細胞が存在する．哺乳類の場合には，**セルトリ細胞**と呼ばれる支持細胞が精子形成の補助を行っている．

ヒトの場合，**卵原細胞**（卵祖細胞）から**卵母細胞**への移行は出産前までに終了してしまい，その段階で卵原細胞はすべてなくなってしまうので，出産後にはそれ以上の卵母細胞の形成はできない．つまり，出産前までに形成された卵母細胞が思春期になるまで，**減数分裂**の途中で停止されて，卵巣内で維持されている．やがて，思春期を過ぎると，一定の周期で，卵母細胞の一部が減数分裂を再開し，卵母細胞の成長と成熟に向かう．この状態は卵母細胞の蓄えがなくなるまでの 35 ～ 40 年間続く．一方，精子形成の場合は，**精原細胞**（精祖細胞）が人生の長い間存在するので，それが一定の周期で細胞分裂を続けて**精母細胞**を供給することが可能である．そのために，長期間にわたり精子形成が続けられる（図 1.12B）．さらに，卵原細胞と精原細胞から，それぞれ卵細胞と精子が形成される過程についても，両者の間には大きな違いがある．たとえば，一次卵母細胞から 1 つの卵細胞が形成され，残りの 3 つの細胞が**極体**となって消失してしまう卵形成の過程とは異なり，精子形成の過程では，一次精母細胞から 4 つの精子が形成される（図 1.8）．

2章 受精から卵割へ

動物の卵細胞は，卵の成熟が完了すると排卵されて受精が行われる．受精により活性化された卵は，減数分裂から有糸分裂の卵割へと進行して，活発な細胞増殖を開始する．卵割の時期には，短期間に細胞の数を増やすために，特殊な方法で細胞周期の時間を短縮し，細胞増殖の速度を増している．また，卵割の過程では，卵細胞の中に蓄えられている母性因子を胚細胞に不等分配することにより，体の向きの決定や将来の胚細胞の運命の決定などが行われる．ここでは，受精から卵割を経て胞胚期に至るまでの過程と，そこで見られるいくつかの重要な現象について述べる．

2.1 受 精

受精にはいくつかの役割があり，その中で最も重要なものが，雌と雄に由来する染色体（一倍体）を合わせて，新たな遺伝情報をもつ接合体（二倍体）を形成することである．そのほかにも，減数分裂の後半の時期で停止していた卵細胞の細胞周期を再開して卵割へと向かわせる役割や，線虫や両生類の胚で知られているように，精子の進入した位置により胚の向き（たとえば，体の頭尾方向や背腹方向など）が決定されるというような役割もある．

受精は卵成熟の過程で行われるが，動物の種類によりその時期が異なる（図 2.1A）．受精と呼ばれる現象は動物種の違いに関わらずよく似た様式で行われ，その過程はいくつかのステップからなっている（図 2.1B）．最初のステップは卵細胞を取り囲む外被の**卵膜**（egg envelope）と精子との結合である．この卵膜は動物の種類により性質や呼び名が異なる．たとえば，ウニでは**ゼリー層**（jelly coat），魚では**コリオン**（chorion），カエルでは**卵黄膜**（vitelline envelope），哺乳類では**透明帯**（zona pellucida）などと呼ばれている．脊椎動物の卵膜を構成する主要成分は **ZP タンパク質**と呼ばれる糖タンパク質で

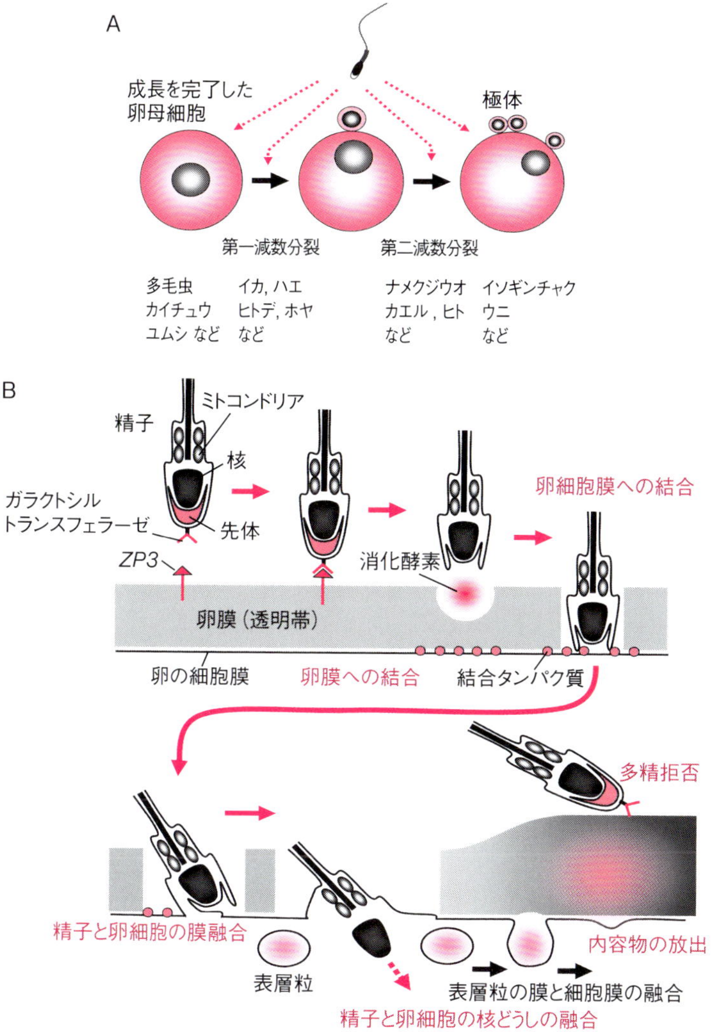

図 2.1　動物の受精

A：動物の受精は，卵母細胞が成長を完了し，卵が成熟する過程で行われる．受精が行われる時期は動物の種の違いにより少々異なる．B：哺乳類の受精過程を示す．精子は透明帯の構成成分の *ZP3* タンパク質と結合すると，先体から消化酵素を分泌して卵膜を分解する．分解された卵膜の部分から精子が進入し，卵細胞の膜と融合する．両者が融合すると，ただちに表層粒の内容物が卵膜に向けて分泌され，多精拒否機構が作動する．そして，卵細胞内に進入した精子の核は卵細胞の核と融合して 1 つになる．

ある．ZP タンパク質どうしがジスルフィド結合により重合してできた繊維状の構造が卵膜の基本骨格を形成している．

哺乳類の透明帯を構成する ZP タンパク質には 3 種類のタイプ（*ZP1*, *ZP2*, *ZP3*）が存在し，その中の *ZP3* に結合している **N- アセチルグルコサミン**と，精子の先端部に存在する**ガラクトシルトランスフェラーゼ**との選択的な結合が，透明帯と精子との選択的な結合に関わっている．動物により，卵膜と精子の結合に関与している分子の種類は異なる．たとえば，ウニでは，卵膜を構成する成分の糖鎖と精子の細胞膜に分布する *bindin* と呼ばれるタンパク質が選択的に結合して，卵膜と精子の選択的な結合に関わっている．

透明帯に精子が結合すると，精子細胞内の Ca^{2+} 濃度が上昇して，その頭部に存在する**先体**（加水分解酵素を含む小胞体）の膜と精子の細胞膜が融合する．その結果，先体内に蓄えられていた加水分解酵素が透明帯に向けて分泌されることになる．この際の細胞内 Ca^{2+} 濃度の上昇は，先体の膜に分布する **IP_3 受容体**（イノシトール 1,4,5- 三リン酸受容体，Ca^{2+} チャネルの一種）が開放して先体内の Ca^{2+} が細胞質に放出されるためである．ところが，魚類では精子が先体をもっていないので，精子が卵膜を通過するための特殊な構造が存在する．それは，卵細胞の動物極側の卵膜に存在する卵門と呼ばれる小孔である．受精の際に，その小孔を通過した精子だけが卵細胞にたどり着いて受精が行われると，卵門は塞がれてしまう．

先体から分泌された加水分解酵素が透明帯の一部を分解すると，精子が卵細胞に接近するための通路が形成され，精子と卵細胞が直接的に結合できるようになる．両者の結合は，精子の細胞膜表面に存在する結合タンパク質と，卵細胞の細胞膜に存在する精子受容体との間の選択的な結合により引き起こされる．精子と卵細胞が結合すると，両者の膜融合が引き起こされて細胞質が連絡する．最初の精子が受精すると，それが刺激となり，新たな精子による受精を拒否するための，**多精拒否機構**が作動される．それは，卵細胞内に複数の精子が進入すると染色体数の異常が引き起こされて発生が異常になるからである．

多精拒否機構は，多くの種類の動物において，**fast block** と **slow block** と呼ばれる2つの方法により行われている（図 2.2）．fast block と呼ばれる機構は，受精にともなってすばやく引き起こされる現象で，卵細胞膜の膜電位の上昇による多精拒否機構である．これは卵細胞内へ Na^{+} が流入することにより引き起こされる現象で，膜電位の上昇により精子と卵細胞の間の膜融合が阻止され，新たな精子の進入が一時的にブロックされる．この fast block は哺乳類の受精では見られない．その理由は，卵細胞までたどり着く精子の数が他の種類の動物よりも少ないためと考えられている．

引き続いて，slow block と呼ばれる機構が引き起こされる．精子が卵細胞内へ進入すると，卵細胞の**ホスホリパーゼ C** が活性化されて，細胞質内の **IP_3** の濃度を上昇させる．IP_3 の濃度の上昇は，Ca^{2+} を貯蓄している卵細胞内の小胞体から IP_3 受容体を介して Ca^{2+} の放出を引き起こし，その Ca^{2+} 濃度の上昇が卵細胞の表層に蓄えられている表層粒（cortical granule）の分泌を引き起こす．表層粒が分泌されると，そこに含まれる酵素により透明帯の ZP3 タンパク質の変性（**透明帯反応**と呼ばれる）や卵細胞膜の強化が引き起こされて，透明帯への新たな精子の結合や卵細胞内への精子の進入が完全にブロックされる．また，受精により引き起こされる細胞内 Ca^{2+} 濃度の上昇は，細胞内の pH の上昇や発生の開始に必要なさまざまな変化も引き起こす．たとえば，Ca^{2+} 濃度の上昇は細胞分裂停止因子による細胞周期の停止を解除し，pH の上昇は発生開始に必要なタンパク質合成や DNA 複製などを引き起こす．

卵細胞と融合した精子からは，核，2つの**中心子**（centriole，**近位中心子**と**遠位中心子**）からなる**中心体**（centrosome），ミトコンドリアなどが卵細胞内に進入する．一倍体の精子の核は，同じく一倍体の卵細胞の核と融合して二倍体の核を形成する．また，精子の近位中心子から中心体が形成されると，さらにその中心体が複製されて，合計2つの中心体が形成される．それらの中心体は，融合した接合体の核の周辺に移動した後，それぞれが**紡錘糸**（微小管）を形成する起点としてはたらく．そして，両極の中心体から伸びた紡錘糸が姉妹染色分体に結合してその分離を引き起こす．

受精により，卵細胞内に進入した精子のミトコンドリアは卵細胞内の分解

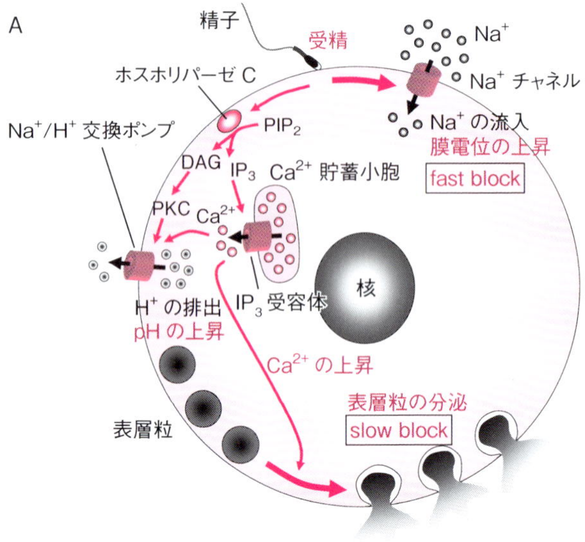

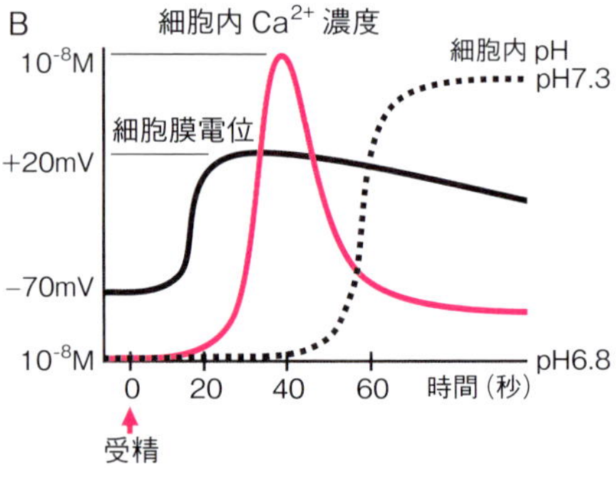

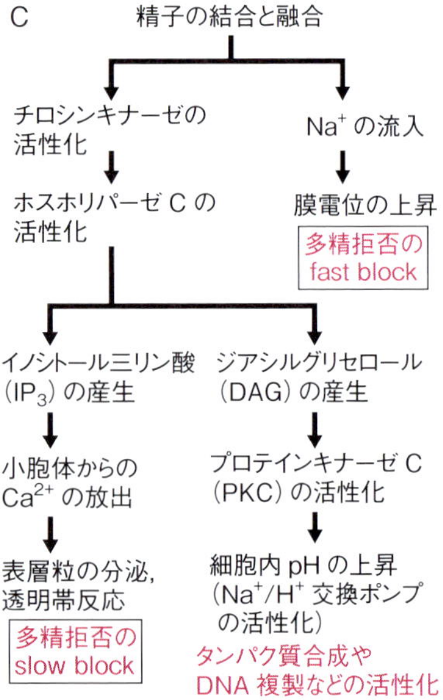

図 2.2　多精拒否機構

A：受精の際には，複数の精子が卵細胞内に進入することを拒否する機構がはたらく．その1つは，fast block と呼ばれ，Na^{+}の流入による膜電位の上昇をともなう多精拒否機構である．もう1つはslow block と呼ばれ，表層粒の分泌にともなう多精拒否機構である．B：受精後の細胞膜電位，細胞内 Ca^{2+} 濃度，細胞内 pH の時間的な変化を示す模式図．C：多精拒否機構を示すフローチャート．

酵素により強制的に分解されてしまうので，父親由来のミトコンドリアは，その子孫にはまったく伝わらない．つまり，子供の細胞のミトコンドリアはすべて母親の卵細胞由来のミトコンドリアである．そのために生じる問題がいくつかある．その中で深刻な問題は，母親がもつミトコンドリアの異常が子供に伝えられ，**ミトコンドリア病**（コラム 3）と呼ばれる病気が母親からその子孫に遺伝されることである．

2.2 卵 割

受精後，卵細胞は**卵割**（cleavage）と呼ばれる活発な細胞増殖を開始して，1 細胞の接合体から多細胞の胚を形成する．そして，引き続く形態形成の過程を経て個体になる．卵割の過程では，一般に，タンパク質合成がほとんど行われないので，細胞の数の増加にともないその体積は減少していく．一般に，卵割の過程では核は複製されるが，細胞質は卵細胞のものを分割して細胞数を増やすことになる．そのために，卵細胞に局在して蓄えられていた母性因子の不等分配や，卵割にともなう胚細胞内の母性因子と DNA との量比の変化などが生じる．それらの現象は多様な卵割の様式とともに，動物の初期胚発生において重要な役割を果たしている．これらの点も含めて，以下に，卵割に関するいくつかの問題について述べる．

2.2.1 卵割の様式

動物の受精卵が卵割する様式にはさまざまなタイプがある．それらの違いは，卵細胞に多量に含まれる卵黄顆粒の影響や，発生過程で重要な役割を果たす母性因子の不均等な分配を行う目的などによるものである．たとえば，多くの動物の卵細胞内には，体の方向の決定や，将来の胚細胞の運命を決定するためのさまざまな母性因子が卵細胞内に局在して蓄えられているので，それらを胚細胞に不均等に分配することが卵割の重要な役割の 1 つでもある．

卵割の様式には，卵黄顆粒の量が比較的に少なく，卵細胞内に均等に分布している胚の場合に見られる**全割**（holoblastic）と，卵黄顆粒を多く含み，その分布が偏っている胚の場合に見られる**部分割**（meroblastic）に大きく

コラム 3
ミトコンドリア病

真核細胞内のミトコンドリアはエネルギー産生を中心に行っているオルガネラとしてよく知られている．このミトコンドリアは，原始の真核細胞内に取り込まれた好気性の原核細胞に由来すると考えられ，原核細胞とよく似た構造や性質をもっている．たとえば，独自の環状 DNA と自身によるタンパク質合成系をもち，細菌と同じように**二分裂**によって増殖する（コラム図 3A）．ミトコンドリアが必要とするほとんどのタンパク質は宿主の細胞が合成したものに依存しているが，依然として，いくつかのタンパク質や RNA を，自身の遺伝子をもとに合成している．たとえば，ヒトのミトコンドリアは，22 種類の tRNA，2 種類の rRNA，13 種類のタンパク質（呼吸鎖ではたらくタンパク質）を自身の遺伝子をもとに合成している．

ミトコンドリアの DNA は酸化的リン酸化が行われているミトコンドリア内膜に結合して存在しているために，そこで発生する活性酸素に常にさらされている．そのために，ミトコンドリアの DNA は酸化による傷害を受け易い状態にある．また，ミトコンドリアは細菌と同じように遺伝子の傷害の修復機構が発達していないので，DNA に変異が生じる率は，真核細胞の核の DNA と比較すると 10 倍くらい高い．そのような状況で，傷害が起きた DNA をもつミトコンドリアが増殖すると，細胞内に異常なミトコンドリアが次第に蓄積されることになる．そして，異常なミトコンドリアの割合が一定の量を超えて蓄積されると，細胞へのエネルギー供給が不十分になり，細胞の機能に異常が生じてミトコンドリア病と呼ばれる病気が引き起こされる（コラム図 3B）．とくに傷害が引き起こされやすいのは，ミトコンドリアが多く存在し，エネルギー要求性が高い神経細胞，筋細胞，尿細管の上皮細胞，肝細胞などである．

多くの動物では，受精の過程で父親由来のミトコンドリアが選択的に分解されてしまうので，ミトコンドリア病は母親を経由して子孫に遺伝することになる．このような遺伝のしかたは**母性遺伝**（maternal inheritance）と呼ばれている（コラム図 3C）．また，細胞質を介して伝えられることから，**細胞質遺伝**（cytoplasmic inheritance）とも呼ばれている．

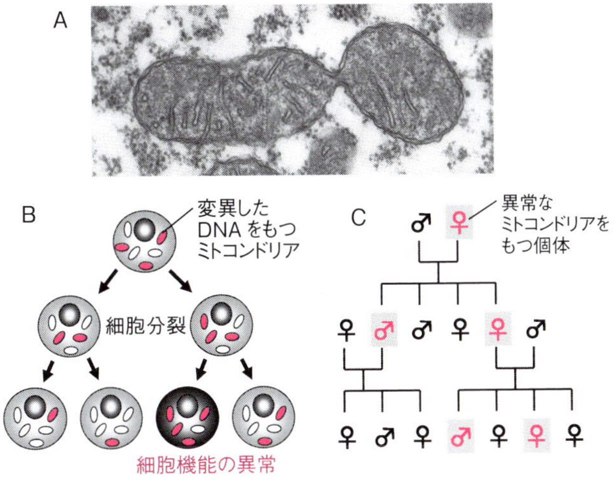

コラム図 3　ミトコンドリア病
A：二分裂をしているミトコンドリアの電子顕微鏡写真．ミトコンドリアは原核細胞と同じように二分裂により増殖する．B：ミトコンドリアの細胞質遺伝を示すモデル．変異した DNA を持つ異常なミトコンドリアは，細胞分裂にともない，細胞質を通じて次の世代へと伝えられる．その伝えられ方はランダムであるが，変異を起こした DNA をもつミトコンドリアの割合が多くなった細胞は，やがて，その細胞機能に異常が生じる．C：ミトコンドリア病の母系遺伝を示すモデル．ミトコンドリアは母親の卵細胞に存在するものだけが子孫に伝えられるために，異常なミトコンドリアに由来するミトコンドリア病は母親から子孫に伝えられる．そのために，ミトコンドリア病の多くが母系遺伝として知られている．

分けられる．両者とも，母性因子の不均等な分配などとも関連して，さらにいくつかの異なる卵割様式に分けられる（図 2.3）．卵黄顆粒が比較的少なく，細胞内に均等に分布している等黄卵の場合には，放射（radial），らせん（spiral），左右対称（bilateral），回転（rotational）などの卵割の様式がある．一方，卵黄顆粒の量が多い卵細胞の場合には，**左右相称卵割**（bilateral cleavage）や**盤割**（discoidal cleavage）などの様式がある．

変わった卵割の様式として，昆虫に見られる**表割**（superficial cleavage）と呼ばれるものがある．ショウジョウバエの胚の例で見ると，受精後，細胞質の分離はともなわず，核の分裂だけが急速に行われる．核の分裂は同期して行われるので，9 回の同期的な分裂により胚全体で約 500 個になるまでは，核が胚の内部に分散して分布しているが，9 回の分裂後は，核が胚の表層部に移動する．この段階でも，核は細胞膜で完全に仕切られることはなく，細胞質が連続したままの状態である．このような構造は**多核性胚盤葉**（syncytial blastoderm）と呼ばれ，胚の内部に転写因子などの濃度勾配が形成された場

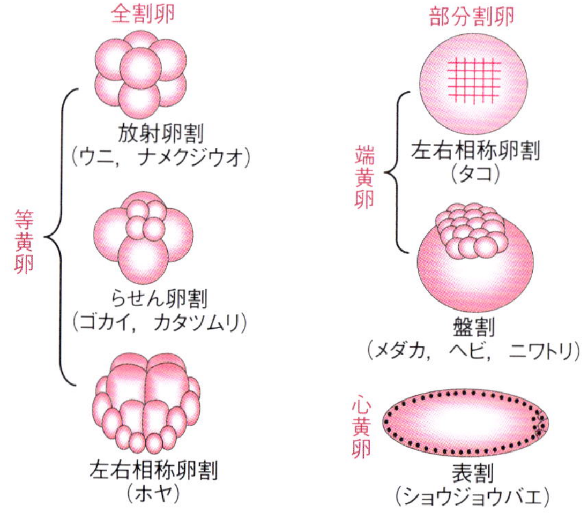

図 2.3　卵割の様式
卵割の様式にはさまざまなタイプが存在する．それらのタイプの違いが存在するのは，卵細胞内に蓄えられた養分の量やその分布の偏り，母性因子の不等分配を行うためなどによるものである．

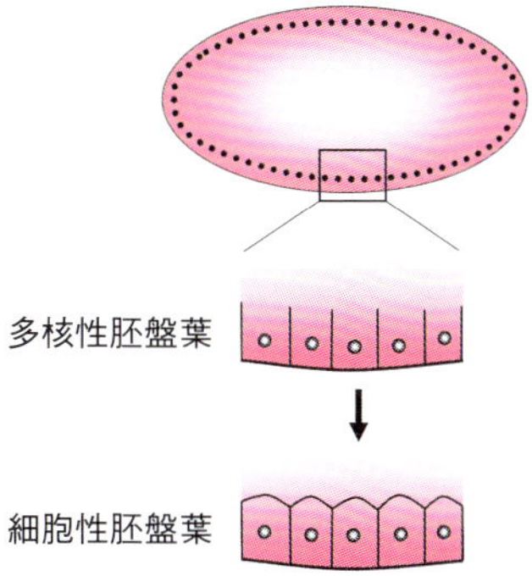

図 2.4　ショウジョウバエの胚の卵割
受精後の 13 回の核分裂の頃までは，分裂した核が細胞膜で包み込まれない状態で存在する．この構造の胚は多核性胚盤葉と呼ばれている．そして，その時期を過ぎると，核が細胞膜で包まれた構造の細胞性胚盤葉と呼ばれる胚になる．

合，胚細胞の核がその濃度勾配に直接さらされて影響を受けることになる．そのために，多核性胚盤葉では，胚の内部に形成された転写因子の濃度勾配による転写の調節が可能になる（コラム 8）．その後の 13 回の核分裂の頃までは多核性胚盤葉の状態のままであるが，やがて，胚の表層部に存在する核は細胞膜で完全に仕切られて，胚細胞が分離された**細胞性胚盤葉**（cellular blastoderm）と呼ばれる構造の胚になる（図 2.4）．

哺乳類の卵割にはいくつかの特徴がある．その 1 つは，卵生動物と異なり，最初の卵割が非常にゆっくり（12 ～ 24 時間もかかる）と行われることである．しかも，後述するように，多くの卵生動物の胚では接合体の遺伝子からの転写が胞胚期以降から開始されるのに対して，哺乳類の胚では卵割期の早い時期に接合体の遺伝子から転写が開始される．哺乳類の卵割は**回転卵割**（rotational cleavage）で，その卵割は非同期性である．それゆえ，しばしば 3 細胞の胚や 6 細胞の胚などの状態が見られる．8 ～ 16 細胞期になると，胚を構成する外側の細胞どうしが密着結合して上皮構造を形成するので，その段階の胚は**胚盤胞**（blastocyst）と呼ばれている．

卵割の際に割球が分裂する方向は，紡錘体を形成する基点となる 2 つの中心体の位置で決まる．つまり，姉妹染色分体を引っ張って分離させる基点となる，2 つの**中心体**を結ぶ線と直角方向に細胞分裂するからである．最近の研究から，卵割や有糸分裂において，中心体の位置を決めているしくみの一部が明らかになった．よく知られている例が，線虫の受精卵が不等割をする際のしくみである．線虫の卵細胞が受精する際には，母親由来の前核が存在する位置とは反対側の位置に精子が進入する．そして，精子が進入する際には，精子の前核と一緒に精子の中心体も卵細胞内に入る．卵細胞内に進入した中心体が複製されて2つになるのと平行して，卵細胞の細胞膜直下の皮層（cortical layer）に存在する par と呼ばれるタンパク質の分布パターンが速やかに変化する．たとえば，*par-3*，*par-6*，*PKC*（タンパク質リン酸化酵素の1種）などが母親側の前核が存在する側の皮層に，そして，*par-1*，*par-2* が精子の進入した側の皮層に分布するようになる．すると，それらの par の分布に対応するように，複製された精子の2つの中心体の向きが回転し，par の分布の違いに対応するように2つの中心体が配置されて，それらから紡錘糸が形成される．やがて，2つの中心体を結んだ直線と直角方向に卵割が引き起こされる（図 2.5）．その際に，精子の進入した側の割球が小型になるように不均等に卵割される．そして，小型の胚細胞に分割された側が，将来の胚の後ろ側となる．

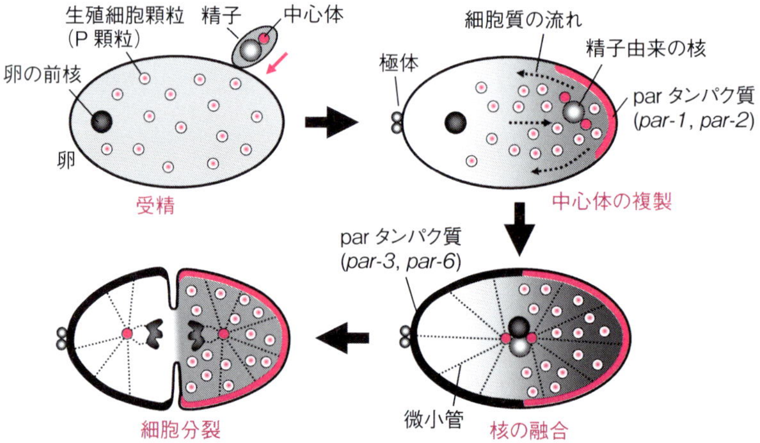

図 2.5　線虫の受精卵の卵割
中心体から伸びる紡錘糸の伸長方向が異なる種類の par タンパク質の分布により制御されるために，par タンパク質の分布により卵割の向きが決まる．卵割の際には，生殖細胞顆粒が特定の細胞だけに集められて不等分配される現象も見られる．

2.2.2 特別な細胞周期

昆虫や両生類をはじめとした多くの種類の動物では，卵割期に細胞の数を急速に増加させるために，一般の体細胞には見られない特別な細胞周期が用いられる．それは，G_1期とG_2期が省かれて，DNAを複製するS期と，染色体や細胞を分離するM期だけからなる細胞周期である．そのために，細胞周期に要する時間が通常の場合よりも非常に短くなっている（図2.6）．

さらに，卵割期には，細胞周期の異常を監視している**チェックポイント制御**（checkpoint control，コラム4）と呼ばれる機構が一時的に抑制されているために，DNAの複製や染色体の分離の際に少しくらいの異常が生じても細胞周期が停止することはない．その結果，ショウジョウバエの胚では1回の細胞周期が10分程度，そして，アフリカツメガエルの胚では1回の細胞周期が約30分程度で完了する．これがどのくらい速いかは，真核細胞の体細胞の細胞周期に要する平均的な時間（1～2日間）や，急速に細胞分裂することが可能な原核細胞の細胞周期に要する時間（大腸菌では約20分間）と比べるとよくわかる．

このように，タンパク質合成やRNA合成を行う時期のG_1期とG_2期を省いた細胞周期が可能なのは，細胞増殖に必要な多くの種類のタンパク質やRNA，そして，各種のオルガネラなどを，あらかじめ卵形成の過程で多量に合成して，それらを卵細胞内に蓄積しているからである．

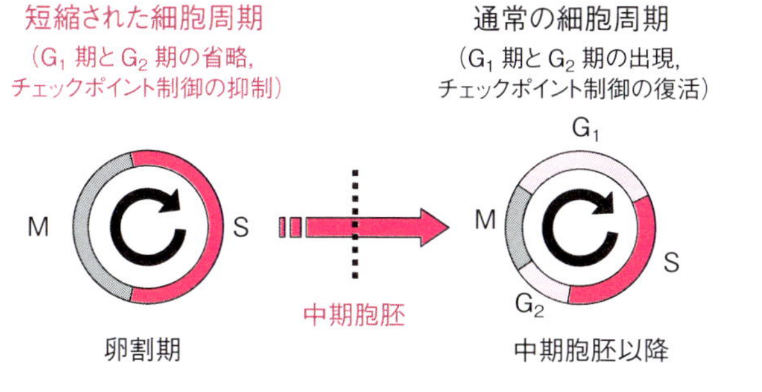

図2.6 卵割期に見られる特別な細胞周期
動物の卵割期には，急速な細胞増殖を可能にするために，細胞周期のG_1期やG_2期を省略するとともに，チェックポイント制御も抑制した特別な細胞周期が用いられる．

コラム 4
チェックポイント制御

細胞周期の過程で生じた DNA の複製や姉妹染色分体の分離などの異常をそのままにしておくと，その異常を引き継いだ細胞が増加して，やがて動物の生命に致命的な結果を引き起こしかねない．それゆえ，細胞周期の過程では，それらの異常の有無が厳重に監視されている．その監視機構は**チェックポイント制御**と呼ばれているしくみで，それにより細胞周期で生じるさまざまな傷害や異常が監視されている．たとえば，DNA の複製エラー，DNA に起きた傷害，姉妹染色体の分配異常，紡錘体の形成異常などが監視されている（コラム図 4A）．もし，これらの異常が細胞周期の過程で見つかった場合には，細胞周期を一時的に停止して，その修復作業を行う．そして，修復が無事に完了すれば細胞周期が再開される．しかし，その傷害が修復不能なほど大きい場合には，異常な細胞がそれ以上に増えないように，その細胞を**細胞死**（**アポトーシス**，apoptosis，コラム 12）へと誘導して処分してしまう（コラム図 4B）．

卵割期には急速な細胞増殖が行われる必要があるために，多くの動物では，細胞周期の進行を停止してしまう可能性のあるチェックポイント制御がその時期だけ抑制されている（図 2.6）．その結果，卵割期には，異常（たとえば，DNA の複製異常や染色体の分離異常など）をもった胚細胞が処分されずに，そのまま存在することになる．しかしながら，胞胚の中期以降になるとチェックポイント制御の抑制が解除され，その制御機構が再び作動するようになると，卵割期に生じた異常な胚細胞はその段階でアポトーシスへと誘導されて処分される．そのために，胞胚の中期以前に生じた異常な細胞が，後の発生過程まで引き継がれることはない．

卵割期におけるチェックポイント制御の抑制には，*Chk1*（checkpoint kinase 1），*ATR*（ataxia telangiectasia related serine/

threonine kinase）などのタンパク質の関与が指摘されている．*Chk1* や *ATR* は DNA の損傷を感知して細胞周期の停止を引き起こしたり，異常が生じた細胞をアポトーシスへと誘導したりする役割を果している．

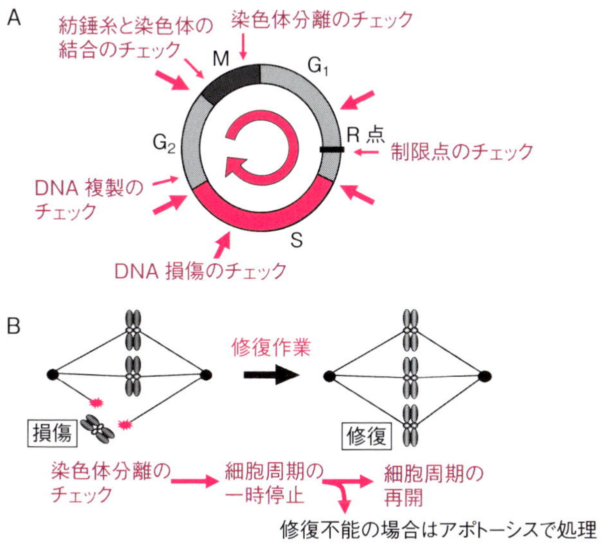

コラム図 4　細胞周期におけるチェックポイント制御
A：細胞周期の過程では，DNA の傷害や複製異常，そして，紡錘糸の形成異常や染色体の分離異常などが厳重にチェックされている．異常のチェックは細胞周期の特定の個所で行われている．B：姉妹染色分体の分離に異常があると，細胞周期が一時的に停止され，その異常が修復されるまで待っている．そして，修復が完了すると細胞周期が再開される．もし，修復が不可能な場合には，細胞のアポトーシスが誘導されて，異常な細胞は処分される．

2.2.3　中期胞胚転移

卵割期に G_1 期と G_2 期を省略した細胞周期が行われる期間は動物の種類により異なるが，胞胚の中期頃まで行われる場合が多い．たとえば，ショウジョウバエでは受精後の 13 ～ 14 回目の細胞分裂の時期（胞胚中期）まで，両生類では受精後の 11 ～ 12 回目の細胞分裂の時期（胞胚中期）まで G_1 期と G_2 期を省いた細胞周期が行われる．両者の胚とも，胞胚の中期を過ぎると，G_1 期と G_2 期を含む通常の細胞周期に移行する．そのために，この胞胚中期頃に起こる細胞周期の変化は**中期胞胚転移**（mid-blastula transition，MBT）と呼ばれている．この中期胞胚転移を過ぎると通常の細胞周期に戻り，G_1 期と G_2 期が出現し，チェックポイント制御の抑制も解除される．さらに，それまで胚全体で同期して行われていた細胞分裂の同調性が乱れて，細胞周期に要する時間も長くなる．

胎生の哺乳類の卵割期では，卵生動物の胚とは異なり，G_1 期や G_2 期を欠いた細胞周期や中期胞胚転移のような現象は見られない．しかも，哺乳類の胚では，受精後の早い時期（2 ～ 8 細胞期頃）から接合体の遺伝子による mRNA の合成が行われる．ところが，哺乳類の胚でも，原腸胚の時期にチェックポイント制御を欠いた急速な細胞周期が見られる．このような違いは，胎性動物と卵生動物の間に見られる胚の発生様式や胚の構造の違いなどが原因と考えられている．たとえば，哺乳類の発生の初期では，卵生の魚類や両生類などとは異なり，胚の発達に必要な栄養膜などの胚以外の組織が胚そのものの形成よりも先行する．

卵生動物の場合，中期胞胚転移に至るまでは，母性因子として卵細胞内に蓄えられていた各種の RNA やタンパク質により，細胞増殖や発生の制御が行われる．そして，中期胞胚転移を過ぎると接合体の遺伝子による転写が開始され，母性因子を中心とした発生の制御から，接合体の遺伝子による発生の制御へと切り替わる．しかも，この中期胞胚転移を過ぎると，胚細胞の性質にさまざまな変化（運動性や粘着性などの変化）が引き起こされ，細胞増殖を中心とした時期から，中胚葉形成や神経管形成などの大がかりな形態形成運動を行う時期へと移行する．

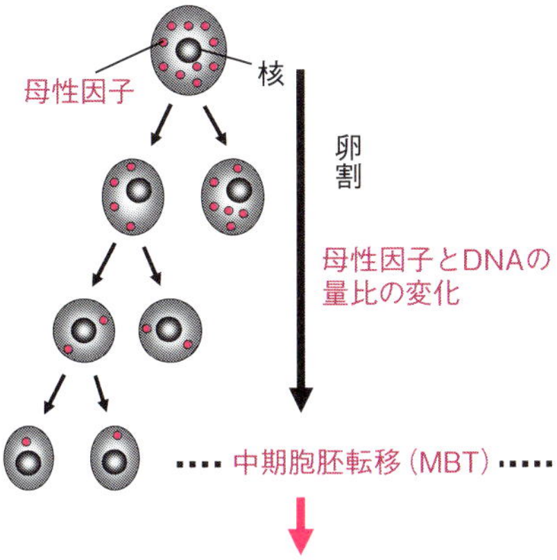

図 2.7　中期胞胚転移のタイミング
中期胞胚転移の起こる時期が母性因子と核内の DNA の量比により決められるモデルを示す．細胞分裂を重ねると，核内の DNA 含量は変わらないが，細胞質に蓄えられた母性因子の量が次第に減少する．それらの量比が一定の値になると，細胞周期や遺伝子発現の制御に転移が起こると考えられている．

中期胞胚転移の時期を決めている要因には，いくつかの可能性が考えられる．その 1 つは，胚細胞内に存在する母性因子と DNA との量比の変化である．つまり，卵割の時期には胚の体積がほとんど増加せずに細胞数だけが増加するために，胚細胞の体積（細胞質の量）は次第に小さくなる．その一方で，1 細胞あたりの DNA の含量には変化がない．つまり，卵割が進行すると，胚細胞の DNA 含量と，細胞質に存在する母性因子との比率（nucleocytoplasmic ratio，**N/C ratio**）が次第に大きくなることになる（図 2.7）．

たとえば，卵割が進行すると，細胞増殖の制御に関わっている母性因子の ***Myc*** と DNA の量比が次第に変化する．そして，その比率が一定の値にまで達すると，*Myc* による遺伝子の制御機構に変化が生じ，中期胞胚転移が誘導されると考えられている．その他にも，たとえば，母性因子で細胞周期の制御因子でもあるサイクリン A，サイクリン E1，*Cdc25A* などが，卵割にともない次第に分解されて減少するために，それらによる制御機構に変化が生じて，中期胞胚転移が誘導される可能性などが指摘されている．

2.3　決定因子

卵割の際には，卵細胞の細胞質内に局在して蓄えられている**母性因子**が，胚細胞に不均等に分配される．このような母性因子の不等分配は胚の向き（前後，背腹，左右など）や胚細胞の将来の運命の決定などに重要な役割を果している．母性因子として卵細胞に蓄えられていたものが，不等分配により胚細胞の将来の運命を決める例は数多く知られている．このような母性因子は**決定因子**（determinant）と呼ばれ，線虫やショウジョウバエの胚で生殖細胞を決定している**生殖質**や，ホヤの胚で尾の筋細胞を決定しているmRNAの存在などがよく知られている．

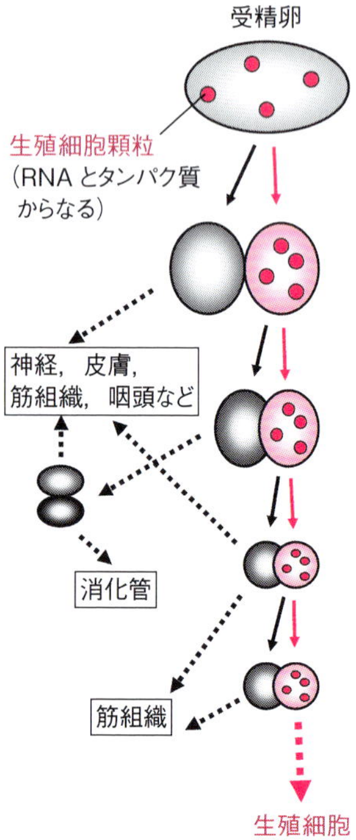

図2.8　線虫に見られる生殖細胞顆粒の不等分配
生殖細胞顆粒は卵割に伴い，特定の細胞に引き継がれ，それを引き継いだものだけが将来の生殖細胞になり，次の世代へと引き継がれる．そして，それ以外の細胞はすべて体細胞になり，やがて寿命を終える．

線虫では，**P顆粒**と呼ばれる物質が卵細胞の細胞質内に母性因子として存在している．その顆粒が卵割にともなって一部の細胞だけに不等分配される．そして，その顆粒を引き継いだ細胞だけが将来の**生殖細胞**になり，そのほかの細胞は体細胞になる．このP顆粒にはいくつかの種類の転写因子やRNA結合タンパク質などが含まれており，それらの因子を引き継いだ細胞だけが特別な転写制御を受けて，体細胞の系列から分離された生殖細胞の系列へと誘導され，次の世代へ細胞や遺伝子を引き継ぐ生殖細胞としての役割を果たすことになる（図2.8）．

ショウジョウバエの場合も同様で，卵割にともない，卵細胞の後部に蓄えられていた**生殖質**と呼ばれる母性因子を選択的に取り込んだ**極細胞**と呼ばれる細胞が胚の後部に形成される．その生殖質にはミトコンドリア由来のリボソームRNAが含まれており，それを含んだ細胞だけが将来の生殖細胞へと誘導される．そして，それ以外の胚細胞は体細胞になる．

両生類でも，卵形成の過程で合成された生

殖質と呼ばれる母性因子がミトコンドリアの集団とともに植物極に移動し，そこに蓄積される．受精前の生殖質は植物極側の細胞質内に点在して分布しているが，それらは受精にともない集合する．そして，卵割の過程で不等分配され，その生殖質を引き継いだ細胞だけが将来の生殖細胞へと誘導される．

以上のような生殖細胞の決定因子のほかにも，さまざまな種類の細胞へと誘導する決定因子が知られている．たとえば，ホヤの胚では，将来の尾の筋細胞を決定する因子の存在が知られている．その因子は *macho-1* と呼ばれる遺伝子の mRNA で，未受精卵の植物極側に母性因子として広範囲に分布している．そして，受精にともない，その mRNA は植物極域に集合し，やがて，その分布は卵細胞の後方へと移動する．その状態で，左右対称に卵割すると，4 細胞期の植物側後方の 2 つの割球に *macho-1* の mRNA が局在することになる．その結果，この mRNA を含んだ割球だけが，やがて，中胚葉を経て尾の筋組織になるように誘導される（図 2.9）．

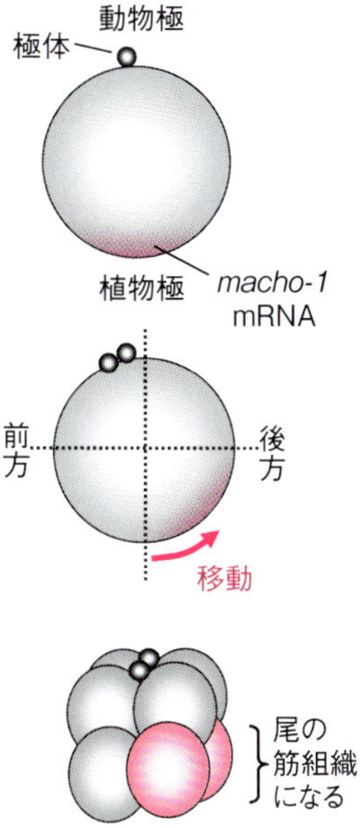

図 2.9　ホヤの卵割で見られる筋組織の決定因子の不等分配
筋組織を決定する因子の *macho-1* mRNA は一部の細胞にだけ分配され，それを受け継いだ細胞系列が将来の筋組織になる．

2.4　胞胚腔（卵割腔）の形成

動物の胚では，一般的に，卵割が進むと胚の内部に割球間の隙間が形成される．その隙間が広くなったものが**胞胚腔**（blastocoel）で，大きな胞胚腔が形成される時期の胚は，一般に胞胚と呼ばれている．胞胚を形成する基本的な組織構造は胞胚腔を取り囲む上皮構造である（図 2.10A）．胞胚腔が形成される位置は卵割の様式により異なるが，ウニのように等黄卵で放射卵割

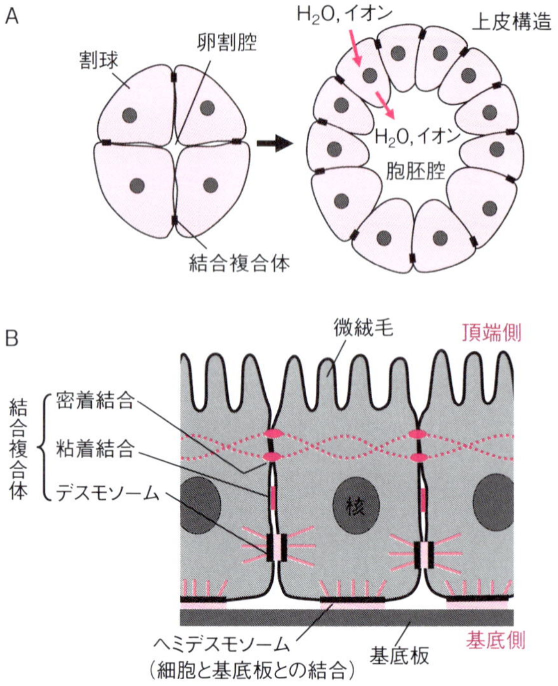

図 2.10　卵割腔の形成と胞胚
A：卵割に伴い，胚の内部に形成される腔が次第に拡大され，やがて，胞胚腔になる．胞胚腔の拡張には，胞胚を形成する上皮細胞による水分やイオンなどの能動輸送が重要な役割を果たしている．B：上皮細胞の基本構造．胞胚を構成する上皮層は，胚の内部と外界との間を隔離し，それらの間における物質のやり取りを行いながら，胞胚腔内を一定の生理環境に保っている．

する場合には，ボール状の均一な中空の胚が形成される．一方，両生類のような中黄卵や鳥類のような端黄卵では，卵黄顆粒が一方の端に偏って分布しているために，胞胚腔は胚の中心からずれた位置に形成される．

胚の内部（胞胚腔）と外界を隔離して，両者間における物質のやり取りを行っているのが，胚を取り巻いている上皮構造である．上皮構造は互いの細胞どうしが密着結合により密に結合しているために，細胞間の隙間をイオンでさえも自由拡散により通過することができない（図 2.10B）．胞胚腔が形成される際には，上皮細胞が，胚の外部から割球間の隙間に水分やイオン（Na^+, Cl^-）などを能動輸送して，その隙間の内圧を高める．その結果，内圧により拡大した隙間が胞胚腔になる．また，胞胚腔内部のイオン環境はそれを取り囲む上皮構造により調節されるので，淡水中で発生する胚でも，海水中で発生する胚でも，胞胚腔内を満たす液の浸透圧や塩濃度は一定の生理的な状態に維持されている．

多くの種類の動物では，やがて，胞胚を構成する上皮細胞は異なる種類の胚葉の細胞に分かれて，さまざまな体の構造を形成することになる．たとえば，両生類では，動物極側の領域が外胚葉細胞に，赤道部分の領域が中胚葉細胞に，そして，植物局側の領域が内胚葉細胞になる．

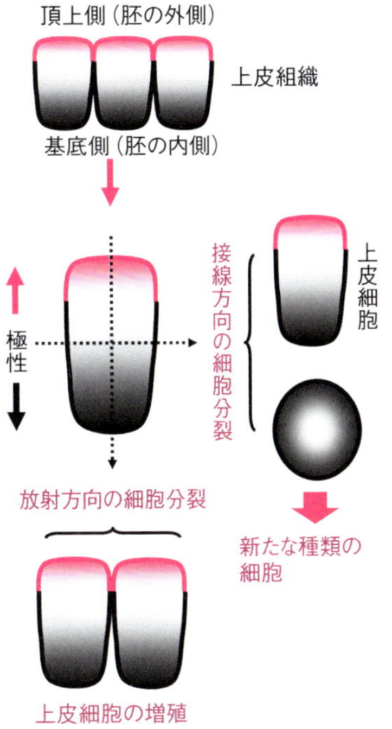

図 2.11　上皮細胞の細胞分裂の方向性と娘細胞の運命
極性のある上皮細胞は細胞膜や細胞質の性質に偏りがあるので，細胞分裂する向きにより，異なる性質の娘細胞が形成される．

上皮細胞には**頂上側**（apical）と**基底側**（basal）の細胞の向き（**極性**, polarity）があるので，上皮細胞が細胞分裂する向きにより，形成される娘細胞の性質が異なることになる（図 2.11）．たとえば，上皮細胞の放射方向に細胞分裂した場合は，両者とも同じような上皮細胞になる可能性が高い．上皮組織を増大させる場合には，一般に，このような方向に細胞分裂して細胞増殖すると考えられる．一方，上皮細胞から離脱した新たな性質の細胞を増殖させたい場合には，接線方向の細胞分裂を行うことでそれが可能となる．この場合，頂上側の半分は前と同じ上皮細胞として残るが，基底側の半分は上皮組織から離脱して新たな種類の細胞になることができる．

哺乳類の胞胚は**胚盤胞**とも呼ばれており，両生類や鳥類の胞胚とは少し

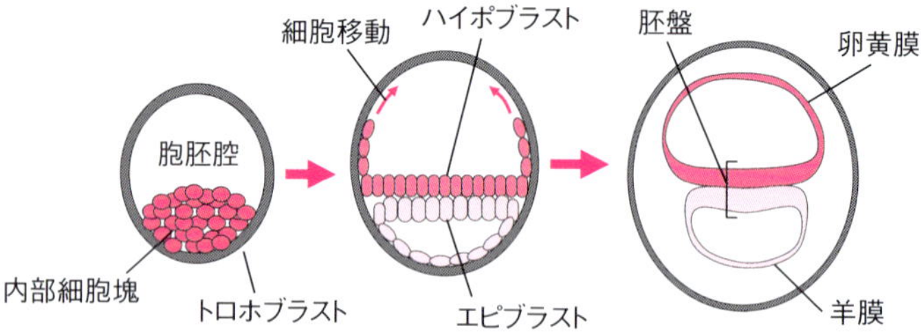

図 2.12　哺乳類の胞胚形成
哺乳類の胞胚の内部に分布する内部細胞塊から 2 層の上皮構造（ハイポブラストとエピブラスト）が形成される．それらの上皮構造から，体を形成する胚盤，卵黄膜，羊膜などが形成される．そして，トロホブラストは胚が子宮粘膜へ着床する際に重要な役割を果たすとともに，その後は胎盤の形成に関わる．

構造が異なる．この場合，胞胚を構成する上皮構造の部分は**トロホブラスト**（trophoblast，**栄養膜**）と呼ばれ，やがて**胎盤**の形成に関わる．一方，動物の体を形成するのは，胞胚の内部に分布する**内部細胞塊**と呼ばれる細胞の集団である．発生の進行にともない，この内部細胞塊から**エピブラスト**（epiblast，外胚葉）と**ハイポブラスト**（hypoblast，内胚葉）と呼ばれる 2 層の上皮構造が形成される．それらの 2 層の上皮組織が合わさって胚盤を形成する．やがて，エピブラストから中胚葉が形成され，それらの三胚葉から体の構造が形成される．さらに，ハイポブラストとエピブラストからは，それぞれ，**卵黄膜**と**羊膜**が形成される（図 2.12）．このような胚の基本構造は鳥類の場合とよく似ている．

3章　胞胚から原腸胚を経て神経胚へ

胞胚から原腸胚に至る過程では，動物の体をつくる上での基本となる胚の方向性（前後，背腹，左右など）の確立，中胚葉誘導，そして，動物の体つくりの中心となるオーガナイザー域の形成などが行われる．そして，原腸胚期になると大がかりな形態形成運動が起こり，中胚葉細胞の移動運動による三胚葉構造や原腸の形成などが行われる．さらに，原腸胚の時期の中胚葉から外胚葉に対して行われる神経誘導作用により，外胚葉から神経管が形成される．神経管からは，脳や脊髄を中心とした中枢神経系が形成される．ここでは，胚の方向性の確立から中枢神経系の形成に至るまでのできごとを，ショウジョウバエや脊椎動物などの例をあげて述べる．

3.1　体の向き

動物の発生の過程で最初に決められるのは体の向きである．体の向きは**体軸**（body axis）とも呼ばれ，その向きには**前後軸**，**背腹軸**，**左右軸**などがある．体の向きが決定される方法には動物による違いが見られるが，それらに共通したしくみとして，卵細胞内に局在して蓄えられている母性因子が重要な役割を果たしているという点がある．その例として，ショウジョウバエの胚の前後方向や背腹方向の決定，そして，両生類の背腹方向や左右方向の決定などがよく知られている．ここでは，それらの中からショウジョウバエの前後方向の決定のしくみと，両生類の背腹方向の決定のしくみの場合を例にあげて述べる．

3.1.1　ショウジョウバエの胚における前後方向の決定

ショウジョウバエの卵形成の過程では，胚の前方と後方になる予定領域に，それぞれ，**ビコイド**と**ナノス**の mRNA が限局して蓄えられる（図 1.5B 参照）．それと同時に，同じく胚の前後方向の決定に関わる ***hunchback***（ハンチバック）や ***caudal***（コーダル）の mRNA も卵細胞内全体に分布して蓄えられる．そして，受精後に，これらの**母性因子**が胚の前後方向の決定とその確立に重要な役割を果たすことになる．受精するとビコイドとナノスの mRNA が翻訳され，それらのタンパク質の濃度勾配が胚の前後方向に形成される．ビコイドタンパク質は転写因子（コラム 5）であるとともに，翻訳を調節する機能をもっている．転写因子としてハンチバックの遺伝子を活性化し，翻訳の調節タンパク質としてはコーダル mRNA の翻訳を抑制する役割を果たしている．また，ナノスタンパク質は翻訳を調節する機能をもち，ハンチバック mRNA の翻訳を抑制する役割を果たしている．その結果，胚に確立されたビコイドとナノスタンパク質の前後方向の濃度勾配は，ハンチバックとコーダルタンパク質の前後方向の濃度勾配を形成することになる（図 3.1）．

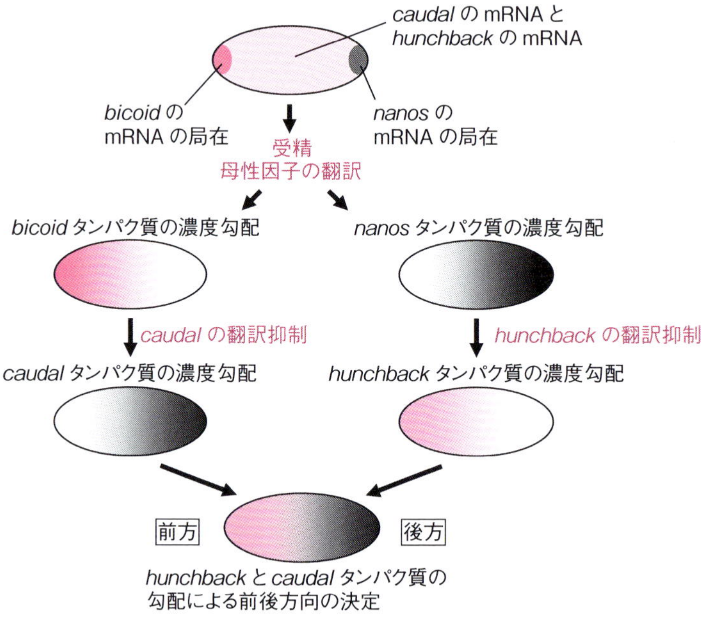

図 3.1　ショウジョウバエの前後方向の決定
母性因子のビコイドとナノスの mRNA から翻訳されたタンパク質の濃度勾配が胚の前後方向に形成され，それをもとに胚の前後方向が決定される．

コラム5
転写因子による遺伝子発現の調節

真核細胞の染色体を形成するクロマチンは**ヌクレオソーム**(nucleosome)と呼ばれる基本構造が連なって構成されており，そのヌクレオソームは塩基性タンパク質の**ヒストン**の複合体（八量体）の周囲をDNA鎖が約2回転取り巻いた顆粒状（直径が約11nm）の構造をしている．遺伝子発現が不活性な状態のクロマチン（**ヘテロクロマチン**）の構造は，ヌクレオソームからさらに複雑に折り畳まれた凝縮構造を形成している．この状態が安定したクロマチンの状態と考えられている．それゆえ，その状態のクロマチンから新たな遺伝子の発現を引き起こすためには，クロマチンの凝縮を解除するとともに，DNA鎖からヒストンタンパク質を引きはがして，DNA鎖を伸展させる必要がある．

遺伝子を発現するための最初の作業は，転写開始に必要な基本転写因子やRNAポリメラーゼなどの複合体を遺伝子の**プロモーター**領域に結合させて，転写開始に必要な転写開始複合体を構築できるようにすることである．そのためには，プロモーターを中心とした領域のクロマチンの凝縮を解除した上で，その部分のヌクレオソームからヒストンを解離させ，基本転写因子やRNAポリメラーゼがDNA鎖に結合できるようにしなければならない．その際に一般的に用いられている方法が，ヌクレオソームを構成するヒストンのリシン（プラスの荷電をもちDNAのリン酸基と結合）をアセチル化することである．それにより，DNAとヒストンの静電的な結合が弱まり，両者が分離しやすくなると考えられている．ヒストンが引きはがされてプロモーター領域のDNA鎖が伸展すると，そこに基本転写因子やRNAポリメラーゼが結合して転写開始の準備が整う（コラム図5.1）．

基本転写因子のプロモーター領域への結合から転写の開始までの調

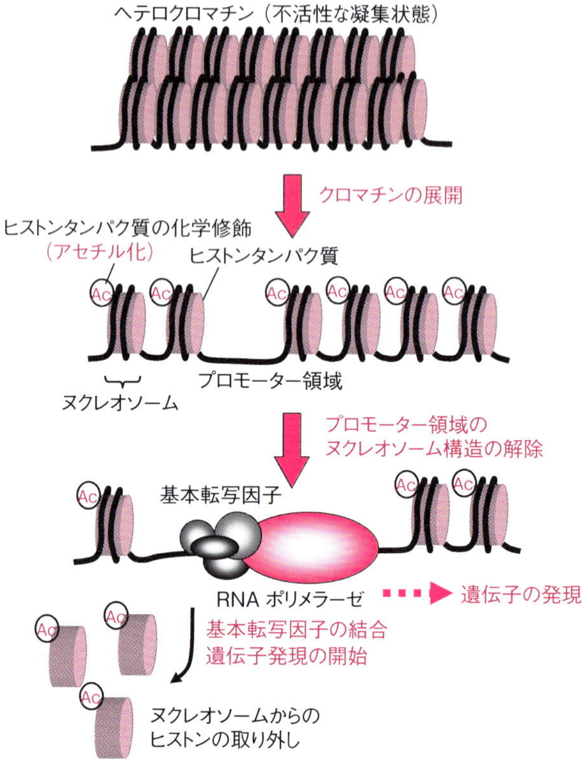

コラム図 5.1　遺伝子の発現に必要なクロマチンの展開作業
凝縮した不活性状態のクロマチンを活性化するには，その凝縮をほどき，さらに，ヌクレオソームから塩基性タンパク質のヒストンを引き離して DNA を伸展させる必要がある．その際に用いられる主要な方法はヒストンのアセチル化である．その結果，プロモーター領域が展開され，そこに基本転写因子や RNA ポリメラーゼが結合して転写が開始される．

節には，他の転写因子を含めた多くの調節因子が関わっている．それらは遺伝子の調節部位（プロモーターやエンハンサーなど）に結合して，直接的に，あるいは，他の調節因子（コアクチベーターやメディエーターなど）を介して間接的に基本転写因子やRNAポリメラーゼに作用する．その際の役割は，遺伝子発現を活性化するアクチベーターや，抑制するリプレッサーとしてはたらいている．このように，遺伝子の発現は多くの調節因子を介して複雑に調節されている（コラム図5.2）．

転写作業が完了すると，伸展された遺伝子に再びヒストンが結合してヌクレオソーム構造が形成される．ヌクレオソーム構造はさらに凝縮されて，再び安定状態の不活性なクロマチンに戻される．その際には，遺伝子を活性化する場合とは逆に，ヒストンの脱アセチル化によるヌクレオソームの再構築や，メチル化などの化学修飾によるクロマチンの凝縮などが行われる（図6.2）．

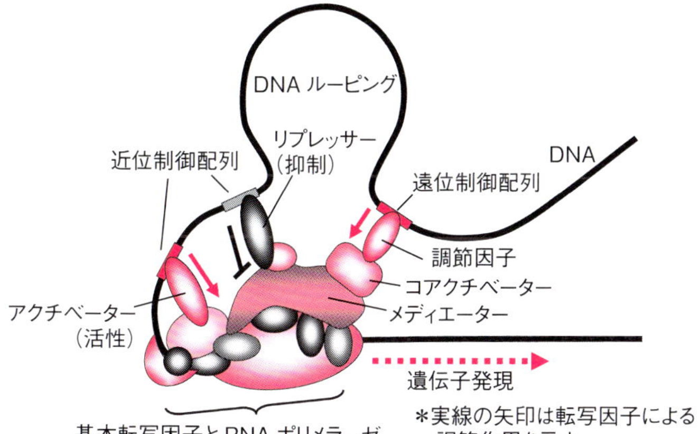

コラム図5.2　転写因子による遺伝子発現の調節
プロモーター領域に結合した基本転写因子とRNAポリメラーゼにいくつもの調節因子が，直接的に，あるいは，コアクチベーターやメディエーターを介して間接的に作用することにより，遺伝子の発現を調節している．

このような母性因子のはたらきにより，胚の前方にビコイドとハンチバックタンパク質の濃度が高く，そして，胚の後方にナノスとコーダルタンパク質の濃度が高い勾配が形成される．ハンチバックとコーダルは共に転写因子で，それらの濃度勾配に依存して胚の前後方向に沿った遺伝子の発現が新たに引き起こされ，その結果，胚の前後方向が確立される．

3.1.2　両生類の胚における背腹方向の決定

両生類の卵形成の過程では，将来の胚の背側を決定する母性因子が卵細胞の植物極域に何種類か蓄えられる．それらの因子は，転写因子の**βカテニン**（*β-catenin*），細胞内情報伝達に関わるタンパク質の**ディシュベルド**，そして，同じく情報伝達に関わる分泌タンパク質の**ウイント**の mRNA などである．

両生類の場合には，受精の際に卵細胞内に精子が進入した位置により，将来の胚の背腹方向が決定される．精子が進入するとまもなく，植物極域に分布する細胞質が精子の進入した側の反対側に向かって移動する現象が見られる．この過程では，植物極の細胞膜直下に分布する細胞質が動物極方向に約 30° 移動する．細胞質の移動には色素顆粒の移動もともなうので，精子が進入した反対側には，**灰色新月環**（gray crescent）と呼ばれる色素顆粒の少ない灰色の領域が形成される（図 3.2）．

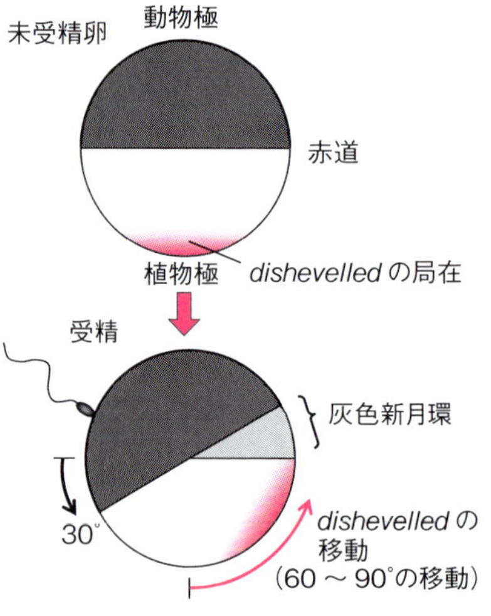

図 3.2　両生類の背腹方向の決定
両生類では，精子が卵細胞内に進入した反対の側が，将来の胚の背側になる．それは，受精にともない，植物極域に存在する母性因子が精子の進入した反対の側に移動するからである．その母性因子により胚の背側化が引き起こされる．母性因子の中で重要な役割を果たす因子の 1 つがディシュベルドである．

細胞膜直下の細胞質の移動とともに，さらに内側に存在する細胞質も移動する．その際には，植物極域に蓄積されていた細胞小器官や母性因子の移動がともなう．細胞小器官や母性因子の移動には，微小管の上を移動する**モータータンパク質**の**キネシン**が関与しており，細胞膜直下の細胞質の移動と同じ方向に 60 ～ 90° くらい移動する．植物極の領域から移動した母性因子の中には胚の背側を決定する何種類かの因子が含まれているが，ここでは，β カテニン，ディシュベルド，ウイントの mRNA などを中心とした背側決定のモデルについて紹介する．

β カテニン，ディシュベルド，ウイントは**ウイント経路**と呼ばれる細胞内情報伝達系に関わる因子である．このウイント経路では，最初のシグナルとなる分泌タンパク質のウイントが存在しない状態では，*GSK* と呼ばれるリン酸化酵素が β カテニンをリン酸化してその分解を誘導することにより，細胞内の β カテニンの濃度を調節している．一方，ウイントが存在すると，ディシュベルドを介して *GSK* による β カテニンのリン酸化が抑制されるので，細胞内に存在する β カテニンの量が増加する．その結果，増加した β カテニンは核内に移動して *tcf* と呼ばれる転写因子に結合し，標的遺伝子の発現を引き起こす（図 3.3）．

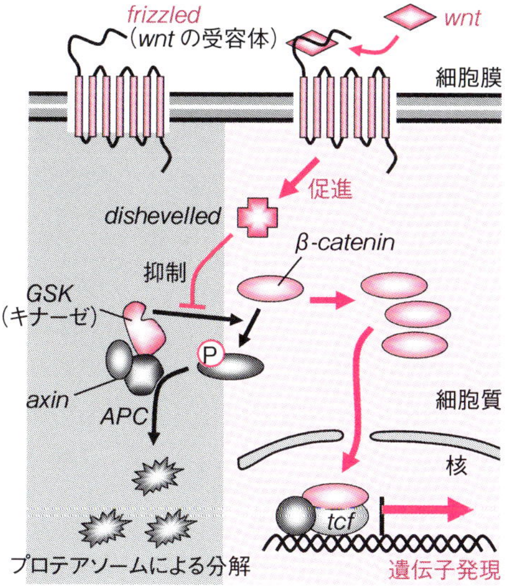

図 3.3　ウイント経路
受精にともない，植物極域から移動した母性因子のディシュベルド，β カテニン，ウイントなどはウイント経路と呼ばれる細胞内情報伝達系を活性化して，それらが移動した先の領域を背側にする．ウイントやディシュベルドは GSK による β カテニンのリン酸化を抑制することにより，転写因子の β カテニンの分解を阻害して新たな遺伝子の発現を誘導する．*axin/GSK/APC* の複合体は β カテニンを分解する役割を果たし，それをディシュベルドが抑制する．その結果，増加した β カテニンがその標的となる転写因子の *tcf* に結合して新たな遺伝子発現を引き起こす．

両生類の受精にともなって引き起こされる，β カテニン，ディシュベルド，ウイントの mRNA の予定背側領域への移動は，やがて，その領域でウイント経路を作動させてβ カテニンの量を増加させることになる.その結果，増加したβ カテニンが核内に移動して標的遺伝子である ***siamois***（シアモア）と呼ばれる遺伝子の発現を引き起こすことになる．シアモアは転写因子の遺伝子なので，その発現をきっかけにして，新たな遺伝子の発現が次々と引き起こされ，やがて，その領域が背側として確立される.

3.2　予定中胚葉域とオーガナイザー域の形成

胚の向きが決定され，卵割により細胞数が増加する一方で，体の基本構造の形成に向けた準備も着々と進行する．その過程が詳しく調べられている脊椎動物は両生類である．両性類では，背腹方向が決定されると，引き続き，三胚葉形成のための予定中胚葉域と，体の基本構造を形成する際の中心的な役割を果たす**オーガナイザー**（organizer）域の形成が行われる．ここでは，両生類の中胚葉域とオーガナイザー域の形成について述べる.

植物極の領域からβ カテニン，ディシュベルド，ウイントなどが将来の背側になる領域に移動することにより，その領域の背側化が進行する．その一方で，植物極域に局在する転写因子の ***VegT*** の mRNA や，***TGF- β***（トランスフォーミング成長因子β）の仲間である ***Vg1*** の mRNA から翻訳されたタンパク質のはたらきにより，植物極側の一定領域に *Xnr*（*Xenopus* nodal related）と呼ばれる遺伝子が発現される．この *Xnr* から翻訳されたタンパク質は *Vg1* と同じ *TGF-β* の仲間で，細胞間に分泌された後，標的細胞に存在する受容体と結合して,その情報を細胞内情報伝達系に伝える．その結果，標的細胞に新たな遺伝子の発現が引き起こされる．*Xnr* が発現した領域やその周囲に，***brachyury***（ブラキューリ）と呼ばれる転写因子の遺伝子が発現される（図 3.4）.

ブラキューリは予定中胚葉域の指標となる遺伝子で，胚の赤道あたりを帯状に 1 周して発現される．ブラキューリが発現した領域は**帯域**と呼ばれ，その領域がやがて中胚葉になる.

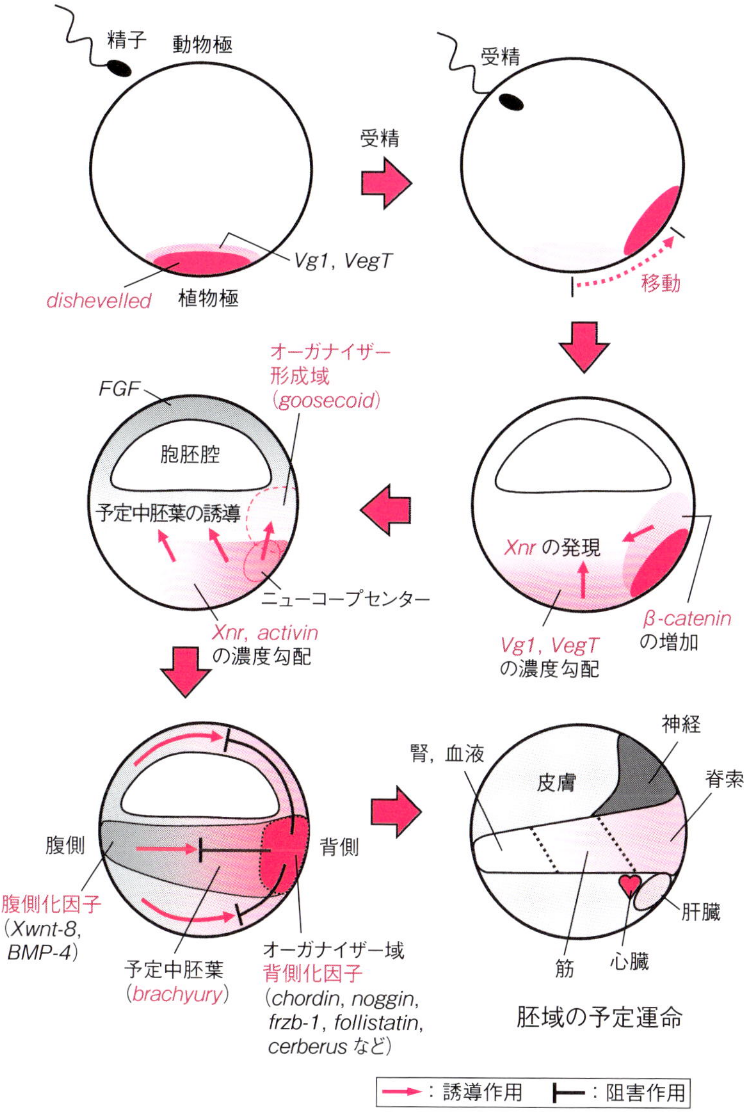

図 3.4　両生類の胚における中胚葉誘導とオーガナイザー域の形成

受精により背側に移動した植物極の母性因子と，植物極に残された母性因子による誘導作用を中心に，予定中胚葉域とオーガナイザー域が形成される．次に，オーガナイザー域を中心とした誘導作用により，予定中胚葉の領域化や神経誘導が行われる．

Xnr はβカテニンの量が増加した背側の領域でより多く発現され，背側から腹側方向にかけて発現量が減少する．*Xnr* は同じく *TGF-β* の仲間である**アクチビン**とともに，それらの濃度の多い背側の部分に，**ニューコープセンター**(Nieuwkoop center)と呼ばれる領域の形成を誘導する．ニューコープセンターからの誘導作用により，その領域と隣接する上の部分には，オーガナイザー域が形成される．

その過程では，背側で発現される転写因子のシアモアが重要な役割を果たす．シアモアは，標的遺伝子の ***gooscoid***（グースコイド）と呼ばれる遺伝子の発現を引き起こす．また，その発現には，成長因子の *TGF-β* の仲間の *Xnr*，アクチビン，*Vg1* などが重要な役割を果たしている．それは，*TGF-β* の仲間により活性化される *smad*（スマッド）と呼ばれる転写因子がシアモアと共同作業してグースコイドの発現を引き起こすからである（図3.5）．

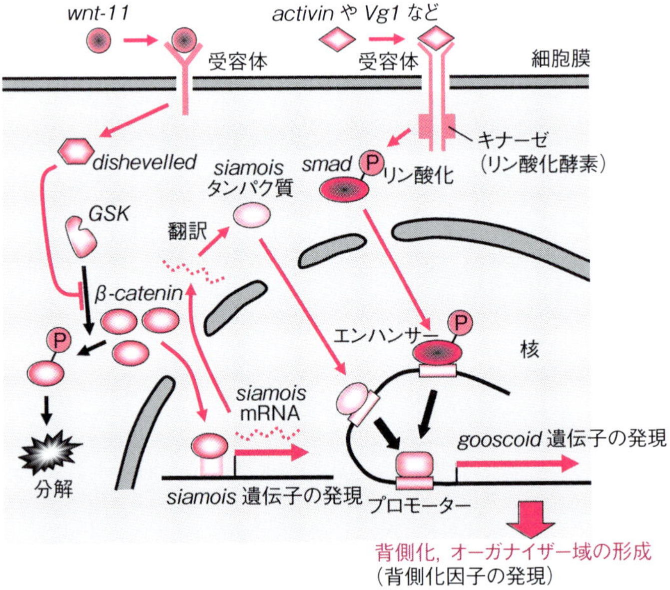

図3.5　両生類胚の背側化とオーガナイザー域の形成
ウイントやアクチビンなどの分泌タンパク質のはたらきにより，胚の背側化やオーガナイザー域の形成が行われる．その際の情報伝達系を示す．

コラム 6
オーガナイザー

オーガナイザーの存在は，1924 年に発表された**シュペーマン**（Hans Spemann）と**マンゴルド**（Hilde Mangold）の研究によって明らかにされた．そこで行われた実験では，両生類の原腸胚から切り出した**原口背唇**（dorsal lip）を他の原腸胚の腹側に移植すると，宿主由来のものとは別の新たな頭部構造の形成（**二次胚**と呼ばれている）が移植された部分に形成された（コラム図 6）．この実験により，オーガナイザー域は体の構造の形成を誘導する強い作用をもつことが明らかにされた．そして，その後の研究から，オーガナイザー域から分泌される物質（誘導物質）が体の構造の形成を誘導する際に重要な役割を果たしていることが明らかにされた．

長い間，オーガナイザー域から分泌される誘導物質の解明に向けた研究がなされてきたが，その物質の抽出や同定作業の技術的な困難さから，オーガナイザーに関する研究者は減少して，その研究は発生学の中心から次第に遠ざかっていった．その流れが大きく変わったのは，1980 年代後半から 1990 年代の前半に，成長因子が誘導物質としての強い作用をもつことが報告されてからである．その流れを変えたのは，1987 年の Slack らによる塩基性線維芽細胞成長因子（*bFGF*）の報告と，1990 年の浅島らによる *TGF-β* の一種の**アクチビン** A の報告である．その中でも，アクチビンの作用は強力であることがわかった．たとえば，培養液中にアクチビンを微量加えて未分化状態の予定外胚葉組織に作用させると，その濃度に依存して各種の組織形成を誘導することが明らかにされた．

これらの報告をきっかけに，誘導物質のはたらきや，オーガナイザーに関する研究が再び活発になり，その後の研究から，オーガナイザー域で発現する多くの分泌タンパク質や転写因子の遺伝子が同定された．現在，それらが中胚葉誘導や神経誘導に果たす役割とそのメカニズム，そして，誘導物質が形態形成に果たす役割などの詳細な解明が進められ，そこで明らかにされた知識の再生医療への貢献が期待されている．

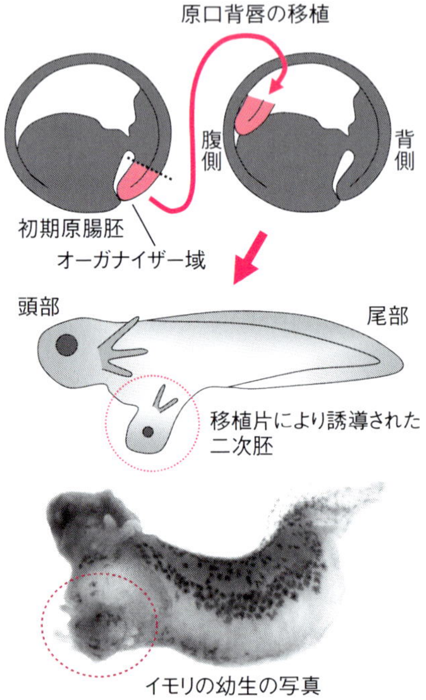

コラム図 6　シュペーマンとマンゴルドの移植実験
他の胚から切り取った原口背唇（オーガナイザー域）が移植された胚には，移植された部分から新たな体の構造（二次胚）が形成される．下の写真はイモリの胚を用いてシュペーマンとマンゴルドの実験を再現したものである．赤い点線で囲まれた部分が移植片の誘導作用により形成された二次胚の頭部構造である．

このグースコイドから翻訳されるタンパク質は転写因子で，その遺伝子の発現はオーガナイザー領域形成の指標の1つにされている．また，グースコイドは予定中胚葉の陥入運動に関与する遺伝子としても知られている．グースコイドのはたらきによりオーガナイザー域では新たな遺伝子の発現が引き起こされる．それらの中には　多くの種類の分泌タンパク質の遺伝子が含まれており，合成された分泌タンパク質は，オーガナイザー域周辺の各方面に及ぼされる誘導物質としてはたらいて，予定中胚葉の領域化や，神経誘導などを行う．

オーガナイザー域の細胞からは，多くの種類の**背側化因子**（*chordin*；コーディン，*noggin*；ノギン，*frzb-1*；フリズビー1，*follistatin*；フォリスタチン，*cerberus*；セレベラスなど）が分泌される．一方，その反対側の腹側の領域からは，**腹側化因子**として知られているウイントや *BMP* などが分泌される．その結果，胚の背側と腹側の間で，背側化因子と腹側化因子の濃度勾配が形成される．背側化因子は腹側化因子に結合して，腹側化因子が受容体に結合するのを阻害する．そのために，胚の背側となる領域では腹側化因子の作用が阻害される．その阻害作用により，外胚葉に対する神経誘導や，予定中胚葉域の領域化などが行われる（図3.6）．

3.3　原腸胚形成

胞胚の後期になるまでに，将来の内胚葉，中胚葉，そして，外胚葉になるおおよその予定領域が決定される．そして，原腸胚期になると，胚全体に大がかりな**形態形成運動**が引き起こされ，**三胚葉**の形成が行われる．これは脊椎動物を中心とした多くの三胚葉性の動物に共通して見られる現象である．その際には，両生類の胚のように中胚葉の形成と**原腸**の陥入が同時に行われるものや，鳥類や哺乳類などのように，**中胚葉**の形成だけが行われるものなどがある．原腸胚期になると，胚の表層に位置していた上皮構造の一部が胚の内部に広範に移動して中胚葉を形成するという現象は，脊椎動物の発生過程で一般的に見られる現象である（図3.7）．それは，動物の体の組織や器官を形成するためには，中胚葉を中心とした胚葉構造が重要な役割を果たして

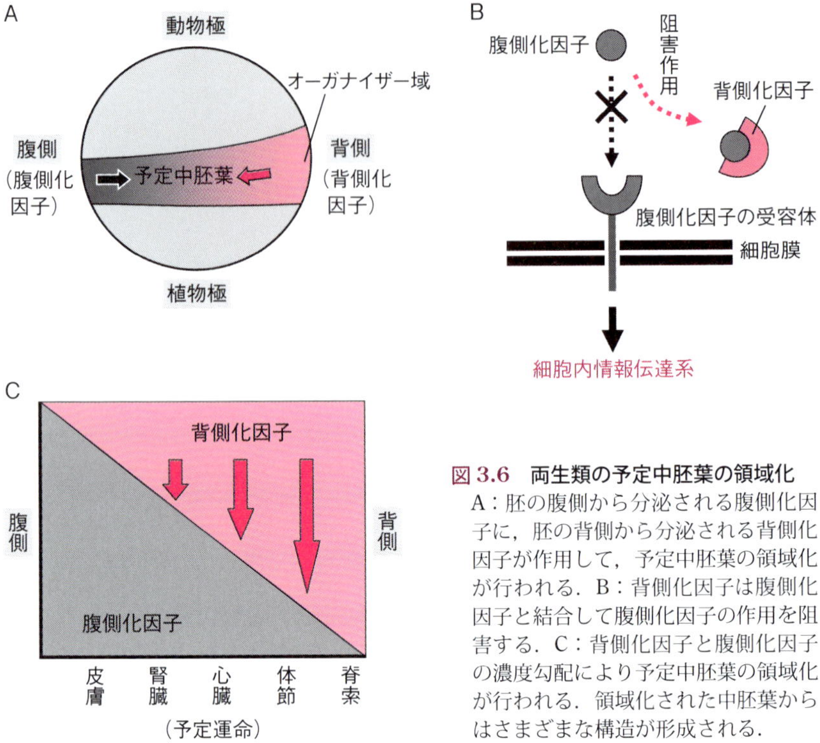

図 3.6　両生類の予定中胚葉の領域化
A：胚の腹側から分泌される腹側化因子に，胚の背側から分泌される背側化因子が作用して，予定中胚葉の領域化が行われる．B：背側化因子は腹側化因子と結合して腹側化因子の作用を阻害する．C：背側化因子と腹側化因子の濃度勾配により予定中胚葉の領域化が行われる．領域化された中胚葉からはさまざまな構造が形成される．

いるからである．それは，5章で述べるように，各種の組織や器官を形成する際には，中胚葉と外胚葉，あるいは，中胚葉と内胚葉の間における胚葉間の相互作用が必要不可欠だからである．しかも，組織や器官の形成には，複数の胚葉が必要である．

原腸胚期に行われる大がかりな形態形成運動では，胚細胞に発現する自動能（motility）や粘着性，胚細胞の形態変化などが複雑に組み合わされて，組織レベルでの形態形成運動が引き起こされる．それらの形態形成運動には，予定外胚葉の**伸展運動**や予定中胚葉の移動運動などがある（図 3.8）．これらの形態形成運動のしくみについては，ウニ，両生類，鳥類などの胚を用いた研究で詳しく調べられているが，ここでは，両生類の原腸胚形成の場合を例

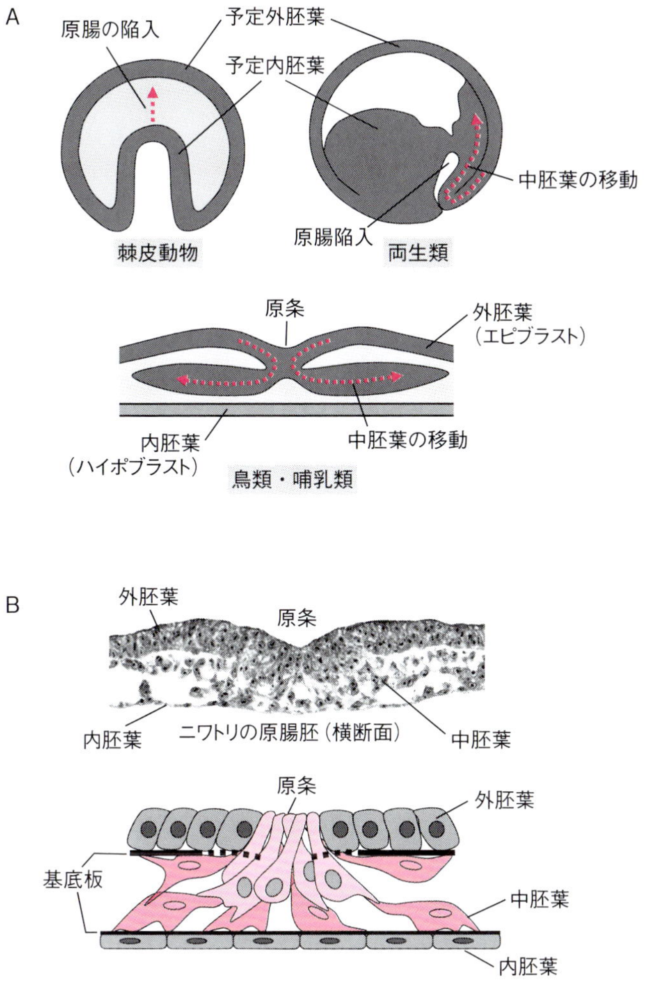

図 3.7　原腸胚形成における形態形成運動

A：動物の原腸胚を示す模式図．原腸の陥入を中心とした棘皮動物の原腸胚形成，原腸の陥入と中胚葉の形成をともなう両生類の原腸胚形成，そして，中胚葉の形成だけが行われる鳥類や哺乳類の原腸胚形成を示す．カッコ内は鳥類や哺乳類の胚で用いられている名称を示す．赤い点線の矢印は原腸の陥入と中胚葉細胞の移動方向を示す．B：鳥類の原腸胚を示す光学顕微鏡写真と，原条の部分から中胚葉細胞が胚の内部に移動する様子を示す模式図．

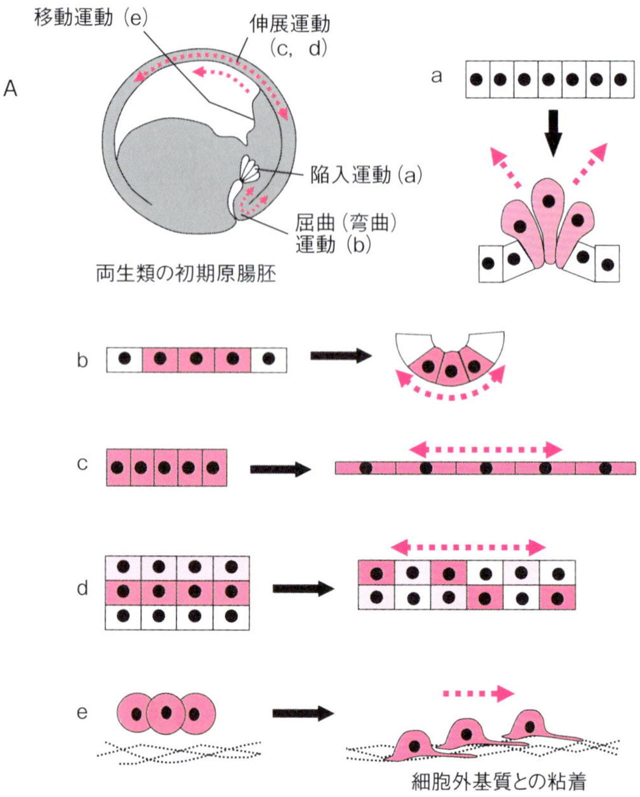

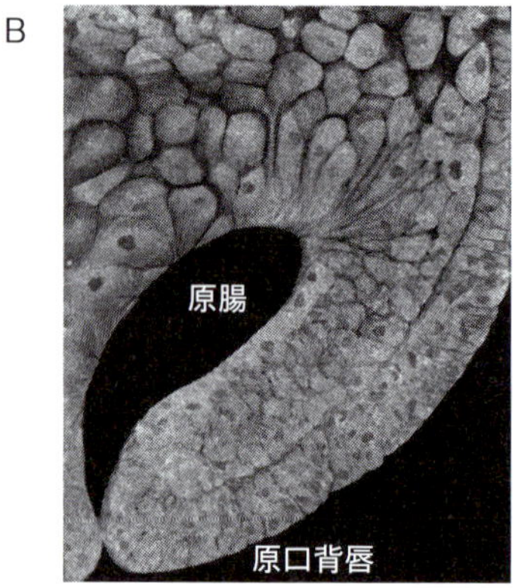

図 3.8　両生類の原腸胚形成
A：両生類の原腸胚形成を引き起こしている基本的な形態形成運動（伸展，移動，陥入，屈曲など）を示す．それらには，胚細胞の形態変化，運動性，粘着性などが密接に関わっている．B：イモリの原腸胚の原口形成域を示す立体画像（連続切片を用いて作製されたCG画像）．原腸が陥入する先端部には長く伸びたフラスコ細胞が見られる．

に述べる．

両生類では，原腸胚期になると，胚の背側の部分に**原口**（blastopore，原腸の陥入口になる部分）と呼ばれる構造が形成される（口絵①を参照）．この部分では，胚を構成する上皮細胞の頂上側の部分が収縮し，その基底側の部分が胚の内部に向かって長く伸びた**フラスコ細胞**（flask cell），あるいはビン型細胞（bottle cell）と呼ばれる細胞が形成される．この細胞は，原腸の陥入の最初の過程で見られ，原口を胚の内部に向かって引き込む役割を果たしていると考えられている．原口の形成に引き続いて，予定外胚葉の伸展運動（epiboly）と，予定中胚葉細胞の胚内部への移動運動（migration）が開始される．胚の内部に向かって移動を開始した予定中胚葉細胞の集団は，体の前方と両側に向かって移動して，胚全体に分布する（図 3.9）．両生類の胚では，予定中胚葉の移動にともない，将来の消化管になる原腸の形成も同時に行われる．胚の構造が少々異なる鳥類や哺乳類の原腸胚では，中胚葉の**陥入運動**（三胚葉形成）が中心で，原腸の形成は後の時期になってから行われる．胚全体に移動する中胚葉細胞は，それと接する外胚葉や内胚葉の細胞と相互作用を行いながら移動し，移動を完了するとまもなく，組織や器官の形成を開始する．

原腸胚期に中胚葉細胞の陥入が行われる際には，胚の外表を構成していた上皮構造から予定中胚葉域の細胞が遊離して胚の内部に移動していく．この際には，上皮構造から細胞間の接着を解消して分離すると同時に，運動性を

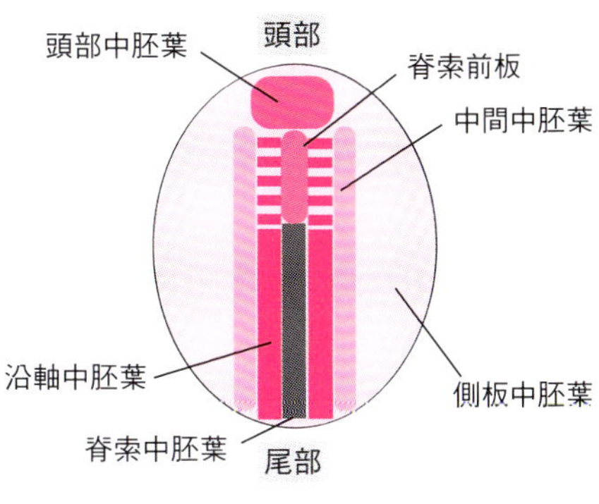

図 3.9　胚の内部に移動した中胚葉の分布
胚の内部に移動した中胚葉は，その予定運命をもとに，いくつかの領域に分けられている．ニワトリの胚を例に，移動した中胚葉の大まかな領域とその名称を示す．

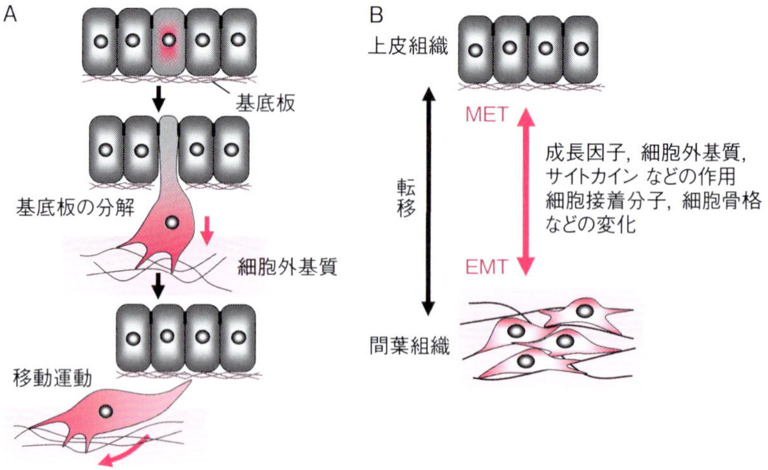

図 3.10　上皮間葉転移
A：上皮細胞が間葉細胞に転移するときのステップを示す．このような現象は外胚葉から中胚葉が形成される際や，各種の器官形成の際に見られる．B：発生過程の器官形成では，逆に，間葉組織から上皮組織への転移（間葉上皮転移）もしばしば見られる．上皮組織と間葉組織の相互的な転移には多くの因子が関わっている．そのいくつかの例を示す．EMT；上皮間葉転移，MET；間葉上皮転移．

獲得した細胞が胚の内部に向かって移動する．このような現象は，ウニの間充織の形成から哺乳類の中胚葉形成に至るまで幅広く見られる．胚の内部に移動する中胚葉は**間葉**（mesenchyme），あるいは間充織とも呼ばれているので，この現象は**上皮間葉転移**（epithelial mesenchymal transition，EMT）と呼ばれている（図 3.10）．このような上皮間葉転移は，後の発生過程で行われる器官形成の際にもしばしば見られる現象で，形態形成における基本的なしくみの 1 つとして，組織や器官形成において重要な役割を果たしている．また，上皮間葉転移とは逆の方向への転移（間葉組織から上皮組織への転移）も，器官形成の際にはしばしば見られる現象である．

上皮組織から性質の異なる間葉組織への転移には，多くのしくみが関与している．上皮細胞は極性（頂上側と基底側の向き）をもち，**結合複合体**（junctional complex）と呼ばれる特別な結合様式で互いの細胞どうしが強く結合するとともに，細胞の基底側が基底板と強く結合している（図 2.10 を参照）．このような状態から間葉になるには，まず，上皮組織の細胞間接着を解消し，基底板から離れると同時に，その基底板を分解しなければ，胚の内部に移動することはできない．さらに，胚の内部に移動していくためには，活発な運動性も獲得しなければならない．

上皮間葉転移を開始した細胞からは，上皮細胞どうしを接着している細胞接着因子の E-**カドヘリン**や，細胞骨格のサイトケラチンなどが消失すると同時に，細胞極性がなくなる．そして，上皮組織から間葉組織へと転移した細胞には，その特徴を示すいくつかの分子（たとえば，ビメンチン，N-カドヘリン，平滑筋タイプのアクチンなど）が新たに発現し，間葉細胞特有の接着性や運動性が現れる．このような胚細胞の上皮間葉転移を誘導する分子には，成長因子（*TGF-β* や *FGF* など）や，**ウイント**などが知られている（図

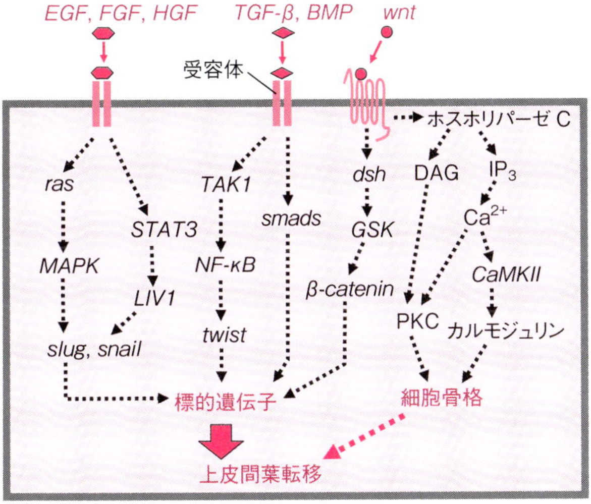

図 3.11　上皮間葉転移を引き起こすシグナル経路
成長因子やウイントなどによる細胞外からのシグナルは，遺伝子発現や細胞骨格系を調節して細胞の運動性の発現や接着性の変化（細胞どうしの結合の解消，細胞と基底板との接着の解消など）を引き起こす．その結果，上皮細胞から間葉細胞への転移が誘導される．その際にはたらいている細胞内情報伝達系のシグナル経路の概略を示す．細胞内情報伝達系についてはコラム 10 参照．

3.11)．実は，これらの分子はがん細胞が悪性化する際にも重要な役割を果たしている．つまり，上皮に頻繁に発生するがん細胞は，上皮間葉転移することにより間葉細胞化して，他の組織中に容易に移動することができるようになる．そして，移動した先の組織で再び細胞増殖してがんの転移を引き起こす．このようながん細胞の性質の変化が，がん細胞が悪性化する際の最も重要な要因の 1 つになっている．

3.4　神経誘導

脳や脊髄などが形成される際の神経誘導のしくみについては，両生類や鳥類の胚で比較的に詳しく調べられている．基本的なしくみは両者とも同じなので，ここでは，両生類の胚の場合を例に述べる．両生類の胚では，最初に，**オーガナイザー**域と隣接する予定外胚葉に対してオーガナイザー域から**神経誘導**作用が及ぼされる．引き続いて，胚の内部に移動した中胚葉から外胚葉に対して神経誘導作用が及ぼされる．このような 2 つのステップの神経誘導作用を経て，外胚葉から**神経管**（neural tube）や**神経堤**（neural crest，神経

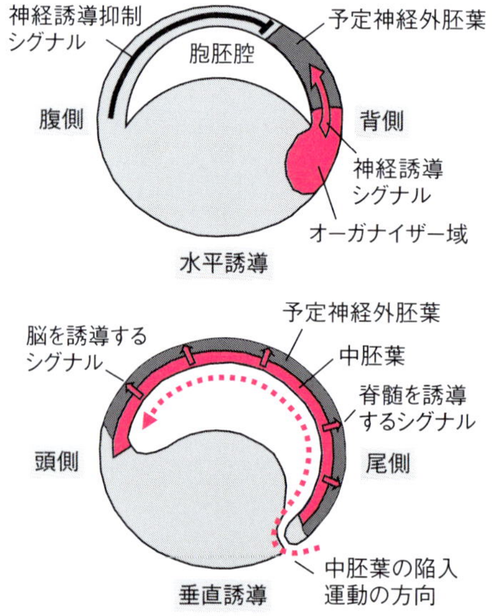

図 3.12　両生類の原腸胚における神経誘導
両生類の神経誘導作用は原腸胚形成の過程で行われ，その誘導作用は水平誘導と垂直誘導と呼ばれる 2 つのステップからなる．最初のステップは，オーガナイザー域からの誘導作用で，次のステップは，胚の内部に移動した中胚葉からの誘導作用である．

冠ともいう）などの中枢神経系の形成に関わる主要な構造が形成される．この際に，オーガナイザー域から予定外胚葉に及ぼされる神経誘導作用は**水平誘導**（horizontal induction，planar induction）と呼ばれ，胚の内部に移動した中胚葉から外胚葉に及ぼされる誘導作用は**垂直誘導**（vertical induction）と呼ばれている（図 3.12）．

水平誘導は，オーガナイザー域から分泌される何種類かの分泌タンパク質により行われる．それらは，予定外胚葉域に分泌されている *BMP* と結合して，その作用を阻害するはたらきがある．*BMP* は神経管の形成を抑制して，外胚葉から皮膚の形成を誘導する作用があるので，外胚葉から神経管の形成を誘導するためには，その作用を阻止する必要がある．それを行うのが，オーガナイザー域から分泌されているノギン，コーディン，*cerberus* などの誘導因子である．その結果，オーガナイザー域と隣接する領域の予定外胚葉では *BMP* の作用が阻止されて，**神経外胚葉**（neuroectoderm）と呼ばれる領域が形成される．やがて，その領域からは神経管や神経堤などの中枢神経系の構造が形成される．しかしながら，神経管の形成とその**領域化**（神経管から脳や脊髄の形成）にはオーガナイザーからの水平誘導だけでは不十分で，さらに，胚の内部に移動した中胚葉から分泌される誘導因子による垂直誘導が必要不可欠である．

垂直誘導作用では，胚の内部に移動した中胚葉から分泌される誘導因子が神経外胚葉に作用を及ぼす．中胚葉から分泌される誘導因子の種類には部域的な違いが見られ，たとえば，中胚葉の前方領域からは，ウイントと *BMP* の両方の作用を抑制する *cerberus*，*dickkopf*（ディックコッフ），*frzb*，*IGF* などが分泌される．そして，中胚葉の後方領域からは *BMP* の作用だけを抑制するノギン，コーディン，*follistatin* などが分泌される．それら前方と後方から分泌される因子の種類の違いにより，神経管の前方には脳が，そして，後方には脊髄の形成が誘導される（図 3.13）．さらに，後方の中胚葉から分泌される *FGF* が脊髄の形成を強く誘導する．

両生類の例で見られたような，*BMP* とその抑制因子の間の相互作用が中枢神経系の形成に関わる例は，多くの種類の動物に共通した現象である．た

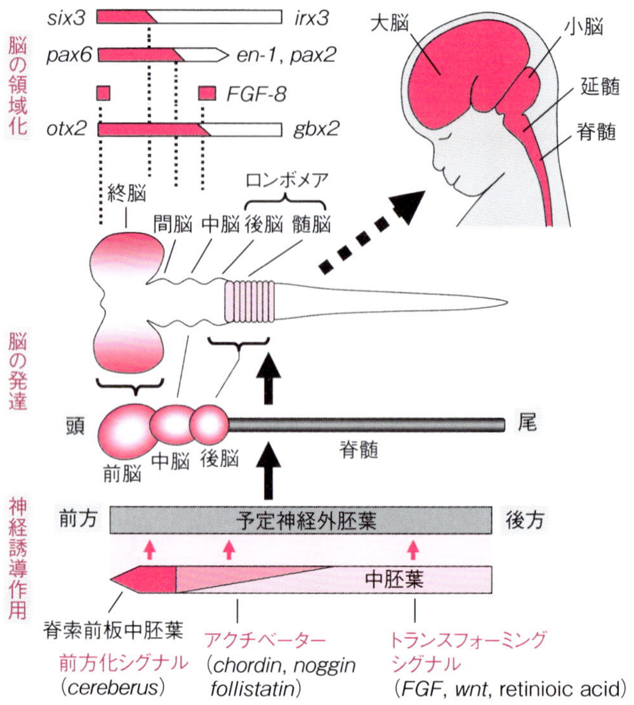

図 3.13　中枢神経系の発達過程
神経誘導作用を受けた外胚葉から神経管が形成される．胚の内部に陥入した中胚葉の前方と後方からそれぞれ異なるシグナルが及ぼされることにより，神経管の前方からは脳が，そして，後方からは脊髄が形成される．局所的に発現する転写因子や成長因子のはたらきにより，脳はさらにいくつかの領域に分けられて，それぞれの領域が機能的な脳の構造へと発達する．脳の領域化に関わるいくつかの転写因子や成長因子の発現パターンを上に示した．

とえば，ショウジョウバエの中枢神経系の形成の際にも，両生類の場合と同じように，*BMP* の**相同体**（homolog）である *decapentaplegic*（デカペンタプレジック）と，コーディンの相同体である *short gastrulation*（ショートガスツルレーション）による相互作用の結果，中枢神経系の形成が誘導される．

3.5　中枢神経系の形成

中枢神経系の形成には，脳と脊髄を形成する神経管と，それに付随した構造（たとえば，脳や脊髄と感覚器を連絡する神経など）を形成する神経堤が重要な役割を果たす．ここでは，それらの構造の形成についてニワトリの胚を中心に述べる．

3.5.1　神経管の形成

中胚葉の中心部に位置する頭部中胚葉，脊索前板，脊索中胚葉などが胚の内部を移動する際にその移動した道すじに沿って**神経管**が形成される．たとえば，他の原腸胚から取り出したオーガナイザー域を移植した原腸胚からは，本来の場所に加えて，オーガナイザー域が移植された場所からも，新たな中胚葉の移動が引き起こされる．その結果，2 か所から中胚葉の移動が引き起こされることになり，それぞれの中胚葉から別々に誘導された 2 つの神経管が形成される．また，中胚葉が 2 方向に分岐して移動するように人為的な細工を胚に加えると，分岐して移動したそれぞれの中胚葉の移動方向に沿って 2 つの神経管が形成される．これらの実験結果から，外胚葉の内側に沿って移動する中胚葉細胞からの垂直誘導作用が，神経管の形成にとって重要な役割を果たしていることがよくわかる．

中胚葉から垂直誘導を受けた神経外胚葉の細胞は円柱状に長く伸びるので，その部分の外胚葉の層が厚くなる．その厚くなった領域は**神経板**（neural plate）と呼ばれる．神経板の領域を上から見ると，前方に広がった鍵穴のような形をしている．前方の広がった神経板の部分からは脳が，そして，それに続く後方部からは脊髄が形成される．やがて，神経板は背側に弯曲し，その神経板の両側が盛り上がって**神経褶**（neural fold）を形成する．神経褶は，神経板の弯曲にともない，胚の正中部に向かって伸びる．その際の神経板の弯曲は神経板を構成する細胞の形態変化（頂上側の収縮）や神経板の両側の外胚葉層から押す力などによる結果と考えられている．そして，最後に，神経板の両側から伸びた神経褶が胚の正中部で接着して融合すると，神経板が閉じられて管状の構造をした神経管が形成される（図 3.14）．

中胚葉から垂直誘導を受けた神経外胚葉が神経管を形成するまでの過程におけるできごとが，分子レベルで次第に明らかになってきた．その過程では，外胚葉どうしで行われる相互作用や，外胚葉と中胚葉の間で行われる相互作

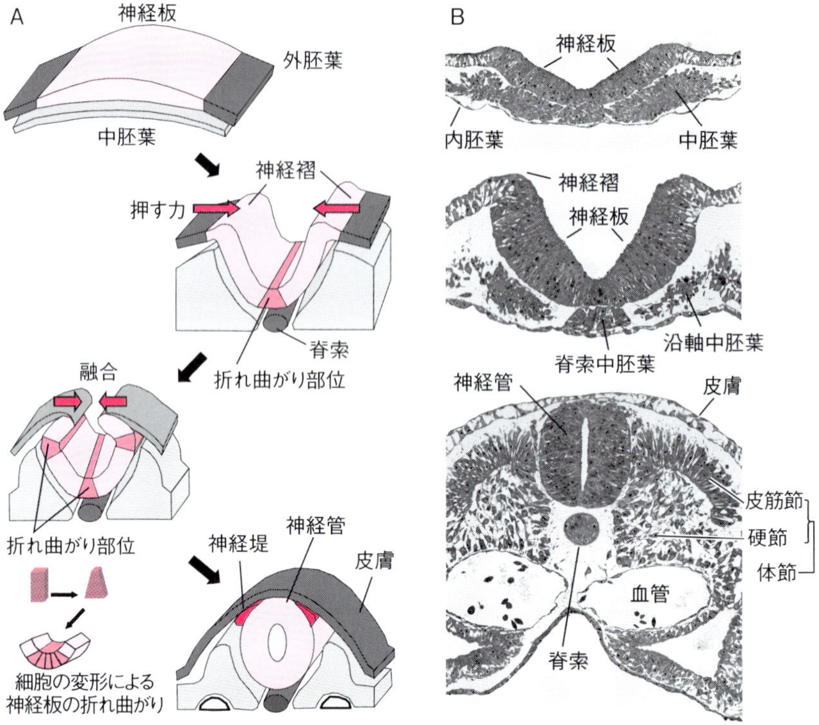

図 3.14　神経管の形態形成

A：神経誘導作用を受けた外胚葉は肥厚して神経板になる．神経板が弯曲して，その両側から伸びてくる神経褶が融合すると，神経管が完成する．神経板の弯曲は，神経板の細胞の形態変化や周囲の組織からの押す力などにより行われる．そして，神経管の背側の部分に神経堤が形成される．B：ニワトリ胚の神経管が形成される過程を示す光学顕微鏡写真．

用により，神経管の形成とその領域化が行われる．外胚葉と中胚葉の間の相互作用には，それぞれから分泌されるタンパク質による作用が重要な役割を果たしている．組織間の相互作用の結果，新たな遺伝子の発現が部域特異的に誘導され，次第に神経管が形成される（図 3.15）．とりわけ，神経板の形成には，神経外胚葉直下の正中部に存在する**脊索**（notocord）とその両側の中胚葉から分泌される神経誘導因子の作用が重要な役割を果たしている．そして，神経板の両側の表皮から分泌される神経形成の抑制物質である *BMP*

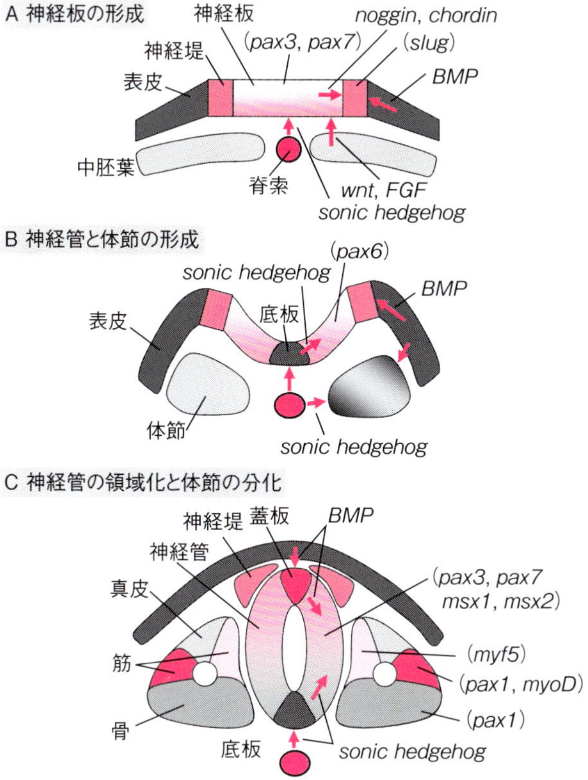

図 3.15　神経誘導と神経管形成の分子的背景

神経管の形成を誘導する因子と，その作用により発現する遺伝子を示す．右側には神経誘導に関わる誘導物質と誘導を受けて発現する遺伝子の例が示してある．左側には，神経管とその周囲の構造の名称が示してある．カッコの中は発現する遺伝子を示す．

と神経板から分泌されるノギンやコーディンの作用により，神経板の縁の部分に神経堤の形成が誘導される．また，神経管の背側の**蓋板**（roof plate）と腹側の**底板**（floor plate）から分泌される誘導物質により神経管の背腹方向の領域化が誘導され，その腹側と背側からは，それぞれ運動系と感覚系の機能に関わる構造が形成される．

脳になる部分の神経管の前方部には，最初に，前脳，中脳，後脳と呼ばれる 3 つの大まかな構造（膨らみ）が形成され，それらから，さらに複雑な脳

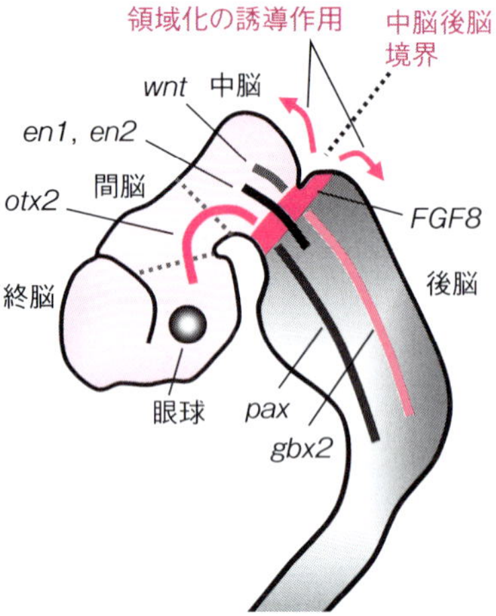

図 3.16 脳の領域化
中脳と後脳が形成される境の中脳後脳境界は，中脳の形成や小脳の形成を誘導して脳の領域化に重要な役割を果たしている．中脳後脳境界を中心に発現する転写因子や分泌タンパク質の発現パターンを示す．

の構造が形成される．一般の器官形成に共通して言えることであるが，最初に大まかな領域分けが行われ，それらの領域の予定運命が決定された後，次第に細部の構造が形成されていく．脳の場合も同様で，最初にホメオボックス遺伝子が一定のパターンで発現して，大まかな領域化が行われる（図 4.9 を参照）．引き続き，多くの種類の分泌タンパク質や，転写因子などが発現して，さらに細かな領域化とそれらの予定運命が決定されて脳の構造が形成されていく．

脳の領域化のしくみでよく知られているのは，中脳と後脳の境に発現する遺伝子の発現パターンと，それにもとづく脳の領域化である（図 3.16）．中脳と後脳が形成される際，その境界領域に特別な遺伝子発現パターンを示す領域が出現する．この領域は**中脳後脳境界**（MHB；midbrain-hindbrain boundary）と呼ばれ，その領域では *gbx2*, *otx2*, *en2*, *pax2* などの転写因子が局所的に発現するとともに，*FGF8* や**ウイント**などが分泌される．そして，中脳後脳境界から分泌される *FGF8* やウイントは，その周辺の脳の**領域化**を誘導することから，この領域が中脳と後脳周辺の領域化に中心的な役割を果たすと考えられている．脳の領域化と平行して，脳の立体構造も大きく変化する．とりわけヒトの場合は，前脳の一部が盛んに細胞増殖して他の動物には見られない大きな大脳を形成する．

脊髄の背腹の方向の領域化を誘導するのは，脊髄の**底板**と脊索から分泌される**ソニックヘッジホッグ**（*sonic hedgehog*, *Shh*）と，脊髄の**蓋板**と外胚葉から分泌される *BMP* である．その結果，脊髄の背側で高く，腹側にかけて減少する *BMP* の濃度の傾きと，腹側で高く，腹側から背側にかけて減少するソニックヘッジホッグの濃度の傾きが形成される．両者の濃度勾配により，脊髄の背側に感覚系の機能をもつ領域が形成され，腹側に運動系の機能をもつ領域が形成される．

3.5.2　神経堤の形成

神経管の背側の部分に**神経堤**の細胞集団が形成され（図3.17），やがて，その細胞集団から細胞が分離し，いくつかのルートに沿って，目的の場所に向かって移動を開始する（口絵②を参照）．この過程の神経堤細胞には，外胚葉の上皮構造から離脱して間葉組織の細胞へと変化する**上皮間葉転移**が起きる．間葉細胞に転移した神経堤細胞は移動運動能を獲得して，いくつかのルートに沿って胚の特定の部位まで細胞移動する．その主要ルートには，表皮と真皮の間のルートや，神経管と硬節の間のルートなどがある．そして，目的の場所まで移動した神経堤細胞はそこで移動を止めて細胞増殖し，さまざまな種類の細胞に分化する．たとえば，脳や脊髄と感覚器を連絡する末梢神経系の細胞をはじめとして，グリア細胞，シュワン細胞，皮膚のメラニン細胞，副腎のクロム親和性細胞，歯をつくる象牙芽細胞，頭部や顔面の骨細胞，軟骨細胞，平滑筋細胞など，多くの種類の細胞に分化する．

体の中心的な構造となる神経管の形成と平行して，その周囲にはさまざま

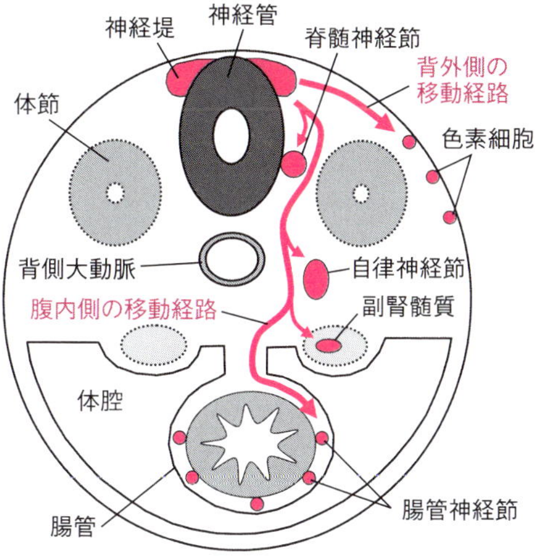

図3.17　神経堤の細胞の移動ルートと細胞分化
神経堤の細胞は，一定のルートに沿って目的の場所まで移動すると，そこで細胞増殖してさまざまな細胞に分化する．ここでは神経堤の細胞から形成される主要な組織が示してある．

な組織や器官の形成が行われる．たとえば，神経管の両側に形成された体節からは，真皮，骨格筋，骨組織などが形成される．その際には，神経管，脊索を中心に，周囲の中胚葉組織や外胚葉と内胚葉組織などから多くの種類の誘導物質が分泌され，組織や器官の形成が誘導される．それらについては5章で詳しく述べる．

コラム 7
発生過程における神経管形成の異常

発生過程の初期に行われる神経管の形成や，その後の脳の発達に異常が生じると，その構造や機能にさまざまな障害が引き起こされる．神経管は脊椎動物で最も重要な構造の1つであるという理由だけではなく，発生過程において，神経管がその周囲に形成されるさまざまな組織や器官の形成に重要な影響を及ぼしているからである．

神経管の形成にはオーガナイザー域や中胚葉からの神経誘導作用が必要不可欠なので，それらに生じた異常は，神経管の形成に重大な影響を及ぼす．たとえば，中胚葉の移動運動の異常などは神経管形成に致命的な影響を及ぼすことになる．たとえば，胚の前方への中胚葉の移動が不完全になると，胚の前方に形成されるはずの脳の構造が小さくなったり，不完全になったりする．

また，神経管形成の過程で生じる異常も多く知られている．その1つに神経管の閉鎖障害がある．この異常は比較的に高い頻度（新生児1万人中に6人くらい）で出現し，脳や脊髄の形成に致命的な障害を及ぼすことが多い．その障害の症状は閉鎖障害が生じる部位により異なり，脳になる部分の閉鎖障害は無脳症を引き起こすことがある．また，脊髄になる部分の閉鎖障害は二分脊椎症と呼ばれる症状を引き起こすことが多い．その病気を引き起こす具体的な因子には，遺伝的なものから栄養素（たとえば，葉酸や亜鉛）の不足などさまざまな可能性が報告されている．

4章 ホメオボックス遺伝子

動物の発生過程では，遺伝子の中に組み込まれた設計図に従って体の構造が整然とつくり上げられていく．その際に，領域化された胚の各部から形成される構造を決定する重要な役割を果たしているのがホメオボックス遺伝子である．ホメオボックス遺伝子は，動物の進化の過程で遺伝子の数を増加させるとともに，機能的な発達も遂げて現存の動物に引き継がれてきた．ここでは，ホメオボックス遺伝子のはたらきが詳しく調べられているショウジョウバエの発生を中心に，ホメオボックス遺伝子が動物の体つくりに果たしている役割や，それらの遺伝子が動物の進化の過程で体の構造変化に果たした役割などについて述べる．

4.1 ホメオボックス遺伝子の発見

ショウジョウバエには，体の構造の一部に変異が引き起こされた，多くの種類の変異体が知られている．たとえば，本来は 2 枚翅をもつはずのハエが，トンボやチョウなどと同じような 4 枚翅になった変異体や，触角が形成される部分に脚が形成された変異体などがよく知られている．このような現象は**相同異質形成**（ホメオーシス，homeosis）と呼ばれ，それらの変異に関わる遺伝子の存在が 1980 年に明らかにされ，**ホメオティック遺伝子**（homeotic genes）と名づけられた．

ショウジョウバエの研究で明らかにされたホメオティック遺伝子には，頭部や胸部の構造の変異に関連する，*lab*（*labial*, ラビアル），*pb*（*proboscipedia*, プロボスキペディア），*Dfd*（*Deformed*, デフォームド），*Scr*（*Sex combs reduced*, セックス・コーム・レデュースド），*Antp*（*Antennapedia*, アンテナペディア）などがある．それらの遺伝子の集団を**アンテナペディア複合体**（*Antennapedia* complex）と呼んでいる．そして，腹部の構造の変異に関連する遺伝子には，*Ubx*（*Ultrabithorax*，ウルトラバイソラックス），*abd-A*（*abdominal-A*，アブドミナル A），*Abd-B*（*Abdominal-B*，アブドミナル B）などがある．それらの遺伝子の集団を**バイソラックス複合体**（*bithorax* complex）と呼んでいる．アンテナペディア複合体とバイソラックス複合体は第三染色体上の別々の部位に分かれて存在するが，両者の複合体を合わせて HOM-C（homeotic complex）と呼んでいる（図 4.1A）．

HOM-C を構成するホメオティック遺伝子が単離されて，それらの分子

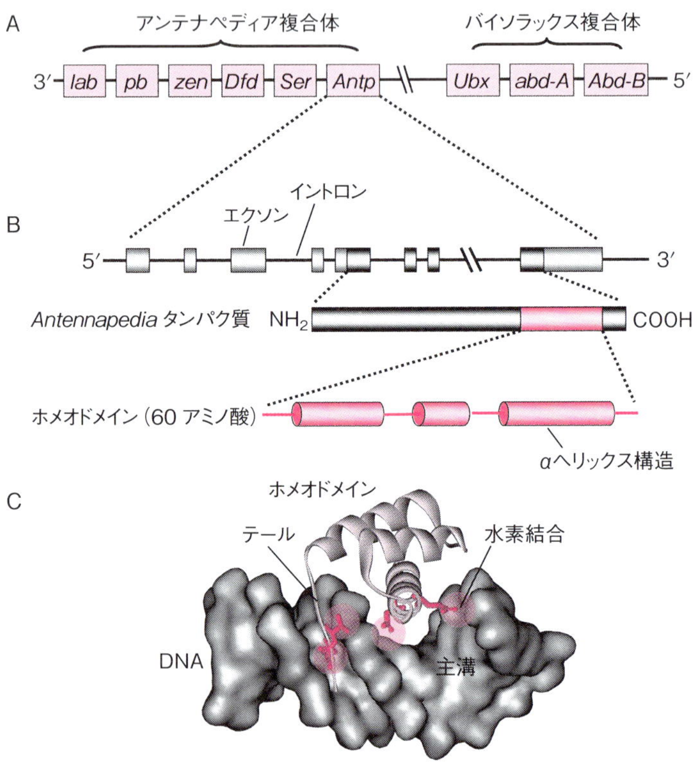

図 4.1　ホメオボックス遺伝子
A：ショウジョウバエの HOM-C を示す．B：HOM-C を構成する *Antennapedia* 遺伝子から翻訳されるホメオタンパク質と，そこに含まれるホメオドメインを示す．C:ホメオドメインと DNA 鎖との結合を示す分子モデル．ホメオドメインは，3 番目の α ヘリックス構造とテールの部分で DNA 鎖と水素結合をする．

構造が明らかにされると，ホメオティック遺伝子には 180 塩基対からなる**ホメオボックス**（homeobox）と呼ばれる領域が共通して存在することがわかった．そのため，一般に，ホメオティック遺伝子は**ホメオボックス遺伝子**（homeobox gene）と呼ばれている．ホメオボックス遺伝子から翻訳されたタンパク質は**ホメオタンパク質**と呼ばれ，そこにはホメオドメイン（60 アミノ酸からなる）と呼ばれるドメイン（領域）が共通して含まれる．一般に，タンパク質を構成している機能的なユニットはドメインと呼ばれ，タンパク質はこのドメイン構造がいくつか集まってできている．ホメオドメインは 3 つの α- ヘリックス構造からなる**ヘリックス・ターン・ヘリックス**と呼ばれる立体構造を形成している．その内の 3 番目の α ヘリックス構造が，標的遺伝子の TAAT モチーフと呼ばれる DNA の塩基配列を認識して，その部分の DNA 鎖と水素結合をする（図 4.1B, C）．そして，N 末端側のテールと呼ばれる部分でも DNA 鎖と水素結合をする．このようにして DNA と結合したホメオタンパク質は，標的遺伝子の発現の促進や抑制などを行う転写因子としてはたらいている．

ホメオボックス遺伝子の間では，ホメオドメインを構成するアミノ酸配列にわずかな違いが見られるが，そのわずかな違いにより，ホメオドメインが認識して結合する標的遺伝子の種類が変化する．たとえば，ビコイド遺伝子のエンハンサーを認識して結合するホメオドメインの 9 番目のアミノ酸をリシンからグルタミンに変えるだけで，ビコイドを認識していたホメオドメインが *Antenapedia* 遺伝子を認識して結合するように変化してしまう．

4.2　ホメオボックス遺伝子の進化

ショウジョウバエで発見された HOM-C と類似のホメオボックス遺伝子の集団が，腔腸動物から哺乳類に至るまで，多くの種類の動物に存在することが明らかになった．それらを動物の系統発生学的な面から比較検討したところ，ホメオボックス遺伝子が進化の過程で保存されて，現在まで連綿と引き継がれてきたことがわかった．そして，その進化の過程では，ホメオボックス遺伝子が複製されて数を増すとともに，ホメオボックス遺伝子の集団そ

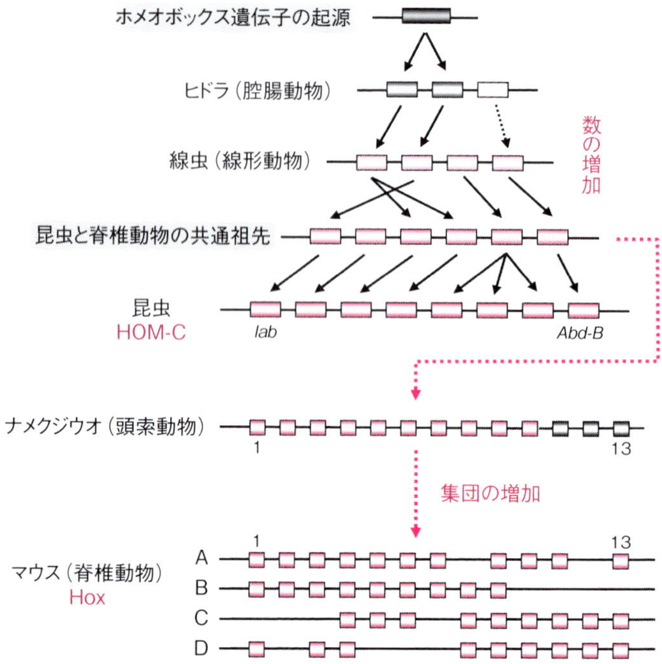

図 4.2　ホメオボックス遺伝子の進化
現存する生物種のホメオボックス遺伝子の系統発生学的な比較結果から推測されるホメオボックス遺伝子の進化．動物の進化の過程で，ホメオボックス遺伝子は数を増加して HOM-C のような遺伝子の集団を形成した．やがて，その遺伝子の集団を複製して，脊椎動物の Hox のように，ホメオボックス遺伝子の集団を複数もつようになったと考えられる．

のものが重複して複製され，集団の数を増したことも明らかになった（図 4.2）．

ホメオボックス遺伝子の存在は海綿動物にまで遡ることができる．そして，海綿動物からヒドラや線虫などに進化する過程では，ホメオボックス遺伝子が複製されてその数を増加させた．そして，動物の進化とともにその数が次第に増加して，昆虫に進化する頃には 8 個，初期の脊索動物に進化する頃には 10 個の集団になった．それにともない，動物の体の構造と機能が次第に複雑化してきた．次に大きな変化が起こったのは，脊椎動物への進化の

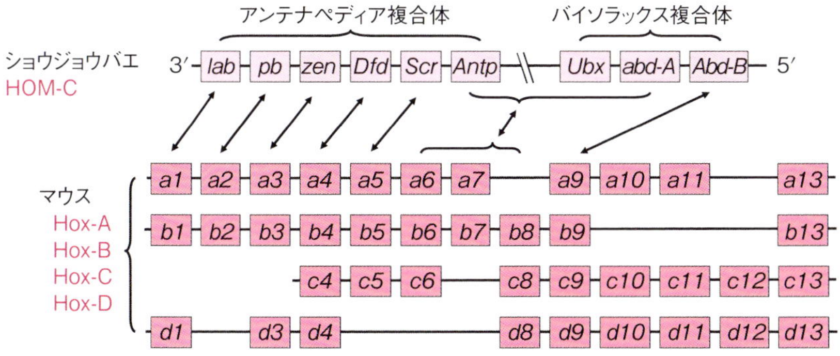

図 4.3 ショウジョウバエの HOM-C とマウスの Hox を構成する遺伝子の比較
矢印は HOM-C と Hox に含まれる類似の遺伝子の対応関係を示す．Hox-A, Hox-B, Hox-C, Hox-D の 4 つの集団は，それぞれ，染色体 6，染色体 11，染色体 15，染色体 2 に分かれて存在する．

過程である．そこでは，集団を構成するホメオボックス遺伝子の数が増加（13 個の集団）するとともに，集団そのものが複製されて，複数の重複した集団をもつことになった．ほとんどの脊椎動物は 4 つの集団をもつが，動物の種類によっては 4 つ以上の集団をもつものもある．たとえば，フグやゼブラフィッシュでは 7 つのホメオボックス遺伝子の集団をもっている．

重複されたホメオボックス遺伝子の集団をまとめて **Hox** と呼んでいる（図 4.3）．Hox に含まれる 4 つの集団は，それぞれ Hox-A，Hox-B，Hox-C，Hox-D と呼ばれて分類されている．それぞれの集団は 13 個のホメオボックス遺伝子から構成されているが，各集団ともにそれを構成する遺伝子の一部が欠失している．そのために，哺乳類の場合では，4 つの集団に含まれるホメオボックス遺伝子の合計が 39 個である．集団に含まれる遺伝子は 3′ から 5′ 方向に 1 番から 13 番までの番号が付けられている．それら 13 個からなる各グループ間の相同遺伝子，たとえば，*Hoxa9*，*Hoxb9*，*Hoxc9*，*Hoxd9* は**パラログ**（paralog）と呼ばれている．Hox の集団を構成する遺伝子の多くはショウジョウバエの HOM-C を構成するものと類似の遺伝子であることや，Hox と HOM-C が発生過程のさまざまな場面で似たような発現パターンと類似の役割を果たしている例が，数多く知られている．

遺伝子が一定の順序に並んで集団を形成しているHOM-CやHoxなどは，その遺伝子の順番に機能上の意味があることが知られている．たとえば，発生の過程で発現する遺伝子の順番が，3′から5′方向に並んでいる遺伝子の順番と一致する傾向が見られる．つまり，3′側に位置する遺伝子のほうが，5′側に位置する遺伝子よりも発生過程の早い時期に発現する．また，3′から5′方向に並んで分布する遺伝子の順番と，動物の頭尾方向に沿って発現する遺伝子の順番が一致する傾向がある．このことは，集団を構成するホメオボックス遺伝子の配列の順番は，それらの遺伝子が体の構造を形成する際に発現する位置関係とも密接に関連していることを示唆している．

4.3　HOM-CやHox以外のホメオボックス遺伝子

HOM-CやHoxのように染色体上に集団を形成して分布しているもの以外にも，単独で存在する数多くのホメオボックス遺伝子が存在する．脊椎動物では，Hoxに含まれるもの以外にも，20種類以上のホメオボックス遺伝子が知られている．それらには，たとえば，*pax*（パックス），*msx*，*six*，*lim*（リム），*NKx*，*POU*，*en*などがある．さらに，それぞれの遺伝子には，多くの仲間（ファミリーと呼ばれる）が存在する．また，それら遺伝子の中には，DNAとの結合領域として，ホメオドメインしかもたないタイプと，ホメオドメイン以外にもDNAとの結合領域をもつタイプの2種類が存在する．*msx*，*six*，*lim*，*NKx*，*en*は前者のタイプで，ホメオドメインしかもたない．一方，*pax*や*POU*などは後者のタイプで，ホメオドメイン以外にも，それぞれ，paired（ペアード）ドメインやPOUドメインと呼ばれるホメオドメインとよく似たDNA結合領域をもっている（図4.4）．

ホメオボックス遺伝子が集団を構成しているHOM-CやHoxなどは体全体の形態形成を統一的に制御しているのに対して，単独で存在しているホメオボックス遺伝子はそれらとは少し異なった役割を果たしている．それらのホメオボックス遺伝子の多くは，複数の組織や器官形成に関わっている場合も多いが，中には，特定の器官形成に限ってとりわけ重要な役割を果たしているものがいくつも知られている．たとえば，*pax*遺伝子ファミリーの*pax6*

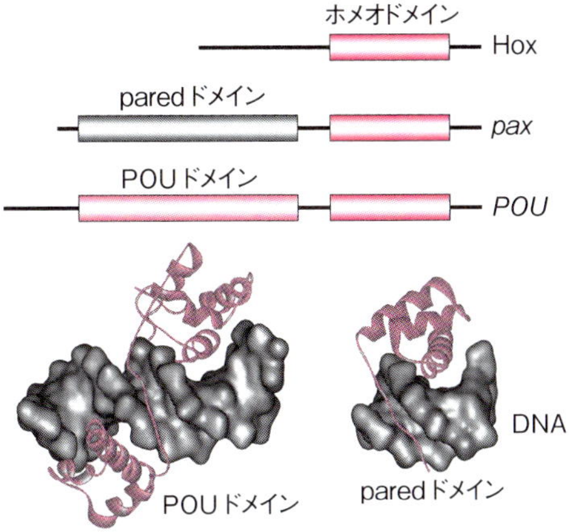

図 4.4　Hox 以外のホメオボックス遺伝子の例
ホメオボックス遺伝子にはホメオドメイン以外にも pared ドメインや POU ドメインなどの DNA 結合領域をもつものがある．分子モデルの図は DNA に結合した POU ドメインと pared ドメインの立体構造を示す．

が眼の形成，*lim* 遺伝子ファミリーの *lim-1* が前脳や中脳の形成，*NK* 遺伝子ファミリーの *NK-2.5* が心臓の形成に中心的な役割を果たしている．それゆえ，もし，それらの遺伝子が欠損したり異常が生じたりすると，関連する組織や器官の形成に顕著な形態形成の異常を引き起こしてしまう．

4.4　初期胚発生におけるホメオボックス遺伝子の役割

動物の初期胚発生におけるホメオボックス遺伝子の重要な役割の 1 つは，領域化された胚の各部分が，将来，どのような組織や器官になるのかを決定することである．その様子は，ショウジョウバエの発生過程を見るとよくわかる．ショウジョウバエの発生過程では，母性因子による胚の前後方向の決定後，何ステップかの階層的な転写因子の遺伝子発現を経て，胚がいくつかの領域に分けられる．そして，それらの領域に特異的に発現する HOM-C のホメオボックス遺伝子により，各領域に形成される体の構造が決定される．ここでは，このようなショウジョウバエの発生過程を例に，ホメオボックス遺伝子の役割について述べる．

4.4.1　ショウジョウバエの発生

3 章で述べたように，受精後のショウジョウバエの発生過程で最初に行われるのが，胚の前後方向の決定である．その際には，卵細胞内に蓄えられていた母性因子のビコイド，ナノス，*hunchback*，*caudal* などの mRNA が重要な役割を果たしている．受精後，ビコイドとナノスの mRNA から翻訳されたタンパク質の濃度勾配が胚の内部に形成されると，その濃度勾配に依存して，新たなタンパク質の合成や遺伝子の発現が引き起こされる（コラム 8）．その結果，胚の前後方向に沿ってビコイド，ナノス，*hunchback*，*caudal* などの転写因子の濃度勾配が形成される．

それらの転写因子の濃度勾配による転写の促進や抑制作用を受けて，新たな遺伝子群の発現が，胚の前後方向にかけて一定のパターンで引き起こされる．その遺伝子群は**ギャップ遺伝子**（gap genes）と呼ばれている（図 4.5）．よく知られているギャップ遺伝子には，*hunchback*，*giant*（ジャイアント），*krüppel*（クリュッペル），*knirps*（クニルプス），*tailless*（テイルレス）などがある．それらの遺伝子は，胚の前後方向に一定の間隔で横縞模様に発現して，胚の大まかな領域化を行う．ギャップ遺伝子から翻訳されるタンパク質はすべてが転写因子であり，それらの因子による転写調節を受けて，**ペアルール遺伝子**（pair rule genes）と呼ばれる遺伝子群の発現が引き起こされる．

ペアルール遺伝子には，*hairy*（ヘアリー），*runt*（ラント），*even-skipped*（イ

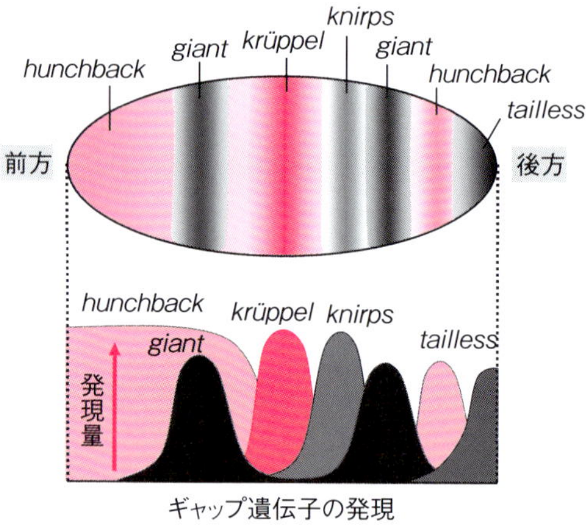

図 4.5　ショウジョウバエの胞胚に発現したギャップ遺伝子の発現パターン

図 4.6　ショウジョウバエの胞胚に発現したペアルール遺伝子の発現パターン
黒と赤の線は，それぞれ *even-skipped* と *fushi tarazu* 遺伝子の発現パターンの例を示す．両者とも 7 本の縞模様に発現する．

ブンスキップト), *fushi tarazu*（フシタラズ), *paired*（ペアード）などがある（図 4.6)．それらの遺伝子は時間的に前後した 2 つのグループに分かれて発現する．それらのうち, *hairy*, *runt*, *even-skipped* などが前のグループとして発現し，胚の前後方向にかけて 7 本の横縞模様に発現する．それらの発現に少し遅れて，後のグループの *fushi tarazu*，*paired* 遺伝子が発現する．遅れて発現するものは，すでに発現しているペアルール遺伝子の調節も受けて，それらが発現している領域の間に，7 本の横縞模様に発現する．その結果，ペアルール遺伝子の発現により，胚が 14 の**パラセグメント**（parasegment）と呼ばれる領域に分けられる．これは, ハエの体を形作る単位となる体節(segment)構造を形成するための前段階の領域分けである．また，ペアルール遺伝子から翻訳されるタンパク質も転写因子なので，それらの因子による転写調節を受けて，**セグメントポラリティー遺伝子**（segment polarity genes）と呼ばれる遺伝子群の発現が次に引き起こされる．

セグメントポラリティー遺伝子はパラセグメント領域の境界部分に周期的に発現する遺伝子で，多くの種類が知られている．たとえば，転写因子の *engrailed*（エングレイルド)，*cubitus interuptus*（キュビタス・インターラプタス)，*goosebery*（グーズベリー）や，分泌タンパク質の *hedgehog*（ヘッジホッグ)，*wingless*（ウイングレス）など，そして，分泌タンパク質の受容体の *pached*（パッチト)，*smoothened*（スムースンド）などがある．この時期になると，胚細胞の細胞膜が閉じられて細胞性胚盤葉になるので，ギャップ遺伝子やペアルール遺伝子などのように，胚の内部に形成された転写因子の濃度勾配による遺伝子発現の制御はできなくなる．そのために，細胞どうしは分泌タンパク質とその受容体を介して互いに影響を及ぼし合うようになる．

コラム 8
転写因子の濃度勾配に依存した遺伝子発現の調節

ショウジョウバエの胚では，13 回の核分裂周期を経る頃までは，一部の細胞（将来の生殖細胞になる細胞）を除いて，個々の胚細胞は細胞膜で完全に包み込まれていない状態にある．このように，胚を構成する細胞の細胞質が連続した状態にあると，胚の内部に形成された転写因子の濃度勾配の影響を，それぞれの胚細胞が直接受けることになる．その結果，**ギャップ遺伝子**や**ペアルール遺伝子**の発現に見られるように，胚の内部に形成された転写因子の濃度勾配が新たな遺伝子の発現を一定のパターンで引き起こすことが可能になる．

ここでは，ペアルール遺伝子の *even-skipped* が胚の内部に形成された転写因子の濃度勾配の影響を受けて一定のパターンで発現するしくみについて示す．*even-skipped* は，すでに発現しているギャップ遺伝子やビコイドなどの転写因子の濃度勾配の影響を受けて，胚の長軸方向と直角の向きに 7 本の横縞模様に発現する．ここでは，その 7 本の中の，前方から 2 番目に発現するものについて示す．その発現は，胚の前方にすでに発現しているビコイド，*hunchback*，*giant*，*krüppel* などの転写因子により制御されている．その中で，ビコイドと *hunchback* は *even-skipped* 遺伝子の発現を促進し，*giant* と *krüppel* はその発現を抑制する．

even-skipped 遺伝子のエンハンサー領域には，ビコイド，*hunchback*，*giant*，*krüppel* などの転写因子が結合する領域（コラム図 8）がいくつも存在しており，それぞれの転写因子の濃度に応じて，エンハンサーに結合する転写因子の量比が異なる．その結果，抑制因子の濃度が高いところの細胞では *even-skipped* の発現が抑制され，促進因子の濃度が高いところの細胞では *even-skipped* の発現が促進される．このように，転写因子による抑制と促進の競合作用の結果と

して，胚細胞における遺伝子の発現が制御されている．

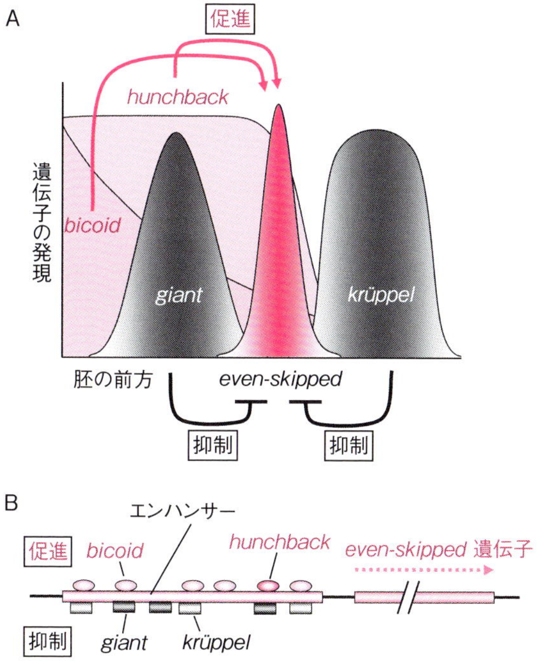

コラム図 8　ペアルール遺伝子の発現制御
A：7 本の縞模様として発現する *even-skipped* 遺伝子のうちの前から 2 番目の遺伝子の発現の制御について示す．*even-skipped* 遺伝子はその周囲に発現しているビコイド，*hunchback*，ギャップ遺伝子の *giant* と *krüppel* などの作用を受けて制御されている．B：*even-skipped* のエンハンサー領域には促進因子のビコイドと *hunchback*，そして，抑制因子の *giant* と *krüppel* が結合し，それらの競合作用により遺伝子の発現が調節されている．

胚細胞間では，分泌タンパク質の *hedgehog* とその受容体の *patched*，そして，同じく分泌タンパク質の *wingless* とその受容体の *frizzled*（フリズルド）により情報がやり取りされる．それらの細胞間の情報を，遺伝子発現に結び付けているのが，細胞内情報伝達系を構成している *engrailed*，*cubitus interruptus*，*goosebery* などの転写因子である（図 4.7）．それらのはたらきにより，ペアルール遺伝子により形成されたパラセグメントの領域が安定的に維持され，そのパラセグメントの領域に対応して，胚が 14 の**体節** (segment) に領域化され，そして，その体節の前後方向も決定される．

以上に述べたように，受精後，卵細胞内に偏在して蓄えられていた母性因子の翻訳から開始して，ギャップ遺伝子，ペアルール遺伝子，セグメントポラリティー遺伝子と，次々に引き起こされる遺伝子群（表 4.1）の発現パターンをもとに，胚が 14 の体節に分けられる．この 14 の体節はハエの体が形成

表 4.1　ショウジョウバエの分節構造の形成に至るまでの過程で発現する遺伝子群

分類		遺伝子（略称）
母性効果遺伝子 (maternal effect genes)		*bicoid*（*bcd*）　ビコイド *nanos*（*nos*）　ナノス *caudal*（*cad*）　コーダル
ギャップ遺伝子 (gap genes)		*hunchback*（*hb*）　ハンチバック *giant*（*gt*）　ジャイアント *krüppel*（*Kr*）　クリュッペル *knirps*（*kni*）　クナープス *tailless*（*till*）　テイルレス
ペアルール遺伝子 (pare-rule genes)	primary	*even-skipped*（*eve*）　イーブンスキップト *hairy*（*h*）　ヘアリー *runt*（*run*）　ラント
	secondary	*fushi tarazu*（*ftz*）　フシタラズ *paired*（*prd*）　ペアード *odd-skipped*（*odd*）　オッドスキップト
セグメントポラリティー遺伝子 (segment polarity genes)		*engrailed*（*en*）　エングレイルド *wingless*（*wg*）　ウイングレス *cubitus interruptusD*（*ciD*）　キュビタスインタラプタス *hedgehog*（*hh*）　ヘッジホッグ *fused*（*fu*）　フューズド *armadillo*（*arm*）　アルマジロ *patched*（*ptc*）　パッチト *gooseberry*（*gsb*）　グーズベリー *pangolin*（*pan*）　パンゴリン

母性因子からセグメントポラリティー遺伝子に至るまでの，それぞれの遺伝子群に含まれる代表的な遺伝子名を示してある．カッコ内は略称を示す．

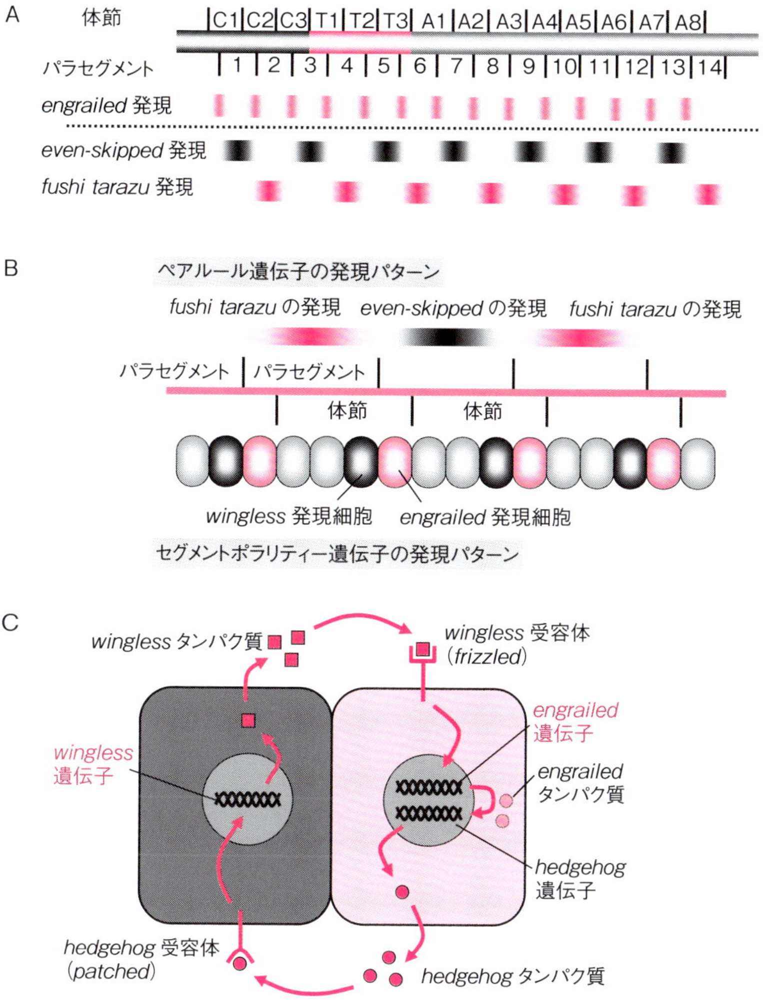

図 4.7　セグメントポラリティー遺伝子の発現パターン
A：ペアルール遺伝子はパラセグメントに対応して発現する．そして，セグメントポラリティー遺伝子はパラセグメントの境界領域に発現する．ここでは，セグメントポラリティー遺伝子の *engrailed* の発現パターンと，ペアルール遺伝子の *even-skipped* と *fushitarazu* の発現パターンを例に示す．B：ペアルール遺伝子の発現によるパラセグメントの領域化と，セグメントポラリティー遺伝子の発現による体節の領域化を示す．C：セグメントポラリティー遺伝子は分泌タンパク質を介して互いの発現を制御し，体節の前後方向を決めている．

されるもとになる領域で，それらの体節から，頭部，胸部，腹部の構造が形成される．たとえば，ハエの胸部を構成する3つの体節（T1 ～ T3）からは，3対の肢，1対の翅，そして，1対の平衡棍が形成される．このように，領域化された各体節からどのような構造を形成するか，次のステップで決定される．その際に，重要な役割を果たしているのがホメオボックス遺伝子である．

4.4.2　ホメオボックス遺伝子の役割

胚が14の体節に**領域化**されると，その体節の位置に対応して，**HOM-C**が一定のパターンで発現する（図4.8）．その発現パターンに対応して，各体節から形成される体の構造が決定される．それは，HOM-Cを構成するホメオボックス遺伝子から翻訳された転写因子が，標的遺伝子の転写調節領域に結合して，その発現を促進したり抑制したりして，各体節から形成される体の構造を決定するからである．

HOM-Cのホメオボックス遺伝子から翻訳されるタンパク質の標的の多くが転写因子の遺伝子なので，それらの配下にはさらにいくつもの標的遺伝子

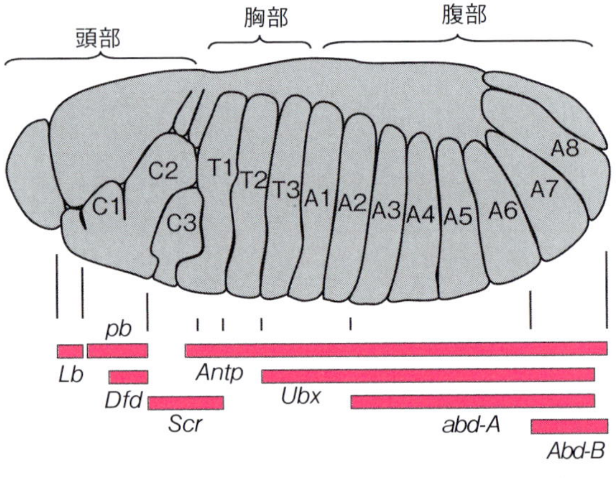

図4.8　ショウジョウバエの胚におけるHOM-Cの発現パターン
体節構造（C1 ～ A8）に対応したホメオボックス遺伝子の発現パターンが見られる．胚の頭部から尾部方向にかけて，HOM-Cの3′から5′方向に分布する遺伝子がその順序どおりに発現している．

が控えている．このように，その支配下に数多くの遺伝子を従えて，それらを制御しているホメオボックス遺伝子は，**マスター遺伝子**（master gene）とも呼ばれている．たとえば，このような上位に位置するホメオボックス遺伝子の発現や機能に異常が生じると，その支配下にある数多くの遺伝子の発現に影響が及ぼされることになる．そのために，ホメオボックス遺伝子の変異は，動物の体の構造に顕著な異常を生じる可能性がある．その一例として，ショウジョウバエの第三胸節に発現するホメオボックス遺伝子の *Ubx* の変異によって引き起こされる翅の形成異常がよく知られている（コラム 9）．

以上に述べたように，ショウジョウバエの初期胚発生の過程では，一連の遺伝子発現が順序に従って整然と行われ，ハエの体の基本構造が形成される．その順序は，卵細胞に蓄えられた母性因子による胚の向きの決定から始まり，ギャップ遺伝子，ペアルール遺伝子，そして，セグメントポラリティー遺伝子の発現と続き，その過程で体の構造の基本となる体節構造の領域が決定される．そして，最後に，各体節に対応したホメオボックス遺伝子の発現が引き起こされて，各体節から形成される体の構造が決定される（図 4.9）．このように，ショウジョウバエの発生過程で明らかにされた遺伝子発現の**階層構造**は，動物の体の基本構造の形成のみならず，さまざまな器官形成の場合にも共通して見られる現象である．つまり，このような整然とした遺伝子発現の階層構造が，進化の過程で連綿と引き継がれ，われわれの体の形成にも同

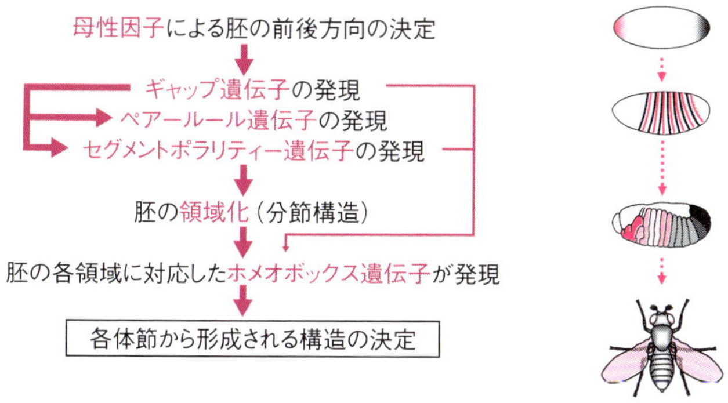

図 4.9　ショウジョウバエの発生過程で発現する遺伝子の階層構造

コラム 9
ホメオボックス遺伝子の異常による変異体の出現

ホメオボックス遺伝子は動物の体が形成される際に重要な役割を果たすがゆえに，それらが発生過程で発現する場所や発現のタイミングなどに異常が生じると，動物の体の構造に大きな変化が引き起こされる．ホメオボックス遺伝子の発現は厳密に管理されているが，時として，ホメオボックス遺伝子の構造やその発現パターンに異常が生じてしまうことがある．その場合には，しばしば，動物の体に顕著な形態形成の異常が生じる．よく知られている例では，ハエの第三胸節に形成されるはずの**平衡棍**が翅に変化してしまう変異や，ハエの触角が形成されるはずの部分に脚が形成されてしまう変異などがある．

第三胸節に翅が形成された変異体の例では，第三胸節に発現するはずのホメオボックス遺伝子の *Ubx*（2 枚翅の昆虫では翅の形成を抑制する）が発現しなくなってしまったか，その遺伝子の機能に異常が生じたために，平衡棍が翅に変化したと考えられている（コラム図 9)．つまり，正常なハエの第三胸節では，*Antp* のほかに *Ubx* が発現して翅の形成を抑制して平衡棍の形成を誘導している．そのために，もし，何らかの原因で *Ubx* の発現や機能に異常が生じると，翅の形成の抑制ができずに，平衡棍の代わりに第二胸節と同じ翅が形成されてしまう．チョウなどの 4 枚翅の昆虫では第三胸節に *Ubx* を発現しているが 2 枚翅にならないのは，ハエの場合とは異なり，チョウの *Ubx* は進化の過程で翅の形や模様などを調節する役割に変異したためと考えられている．つまり，チョウでは第三胸節に *Ubx* が発現していても，翅の形成に関わる遺伝子（*wingless* や *DSRF* など）の発現が抑制されることはないので，第三胸節にも翅が形成される．

頭部に肢が形成された変異体の例では，頭部の触角を形成する領域に，肢の形成を誘導するホメオボックス遺伝子の *Antp* が異常に発現した結果である．つまり，触角の形成領域に発現した *Antp* は，触角の形成を誘導する *homothorax* や *extradenticle* などの遺伝子の発現を抑えて，肢の形成を引き起こしたと考えられる．

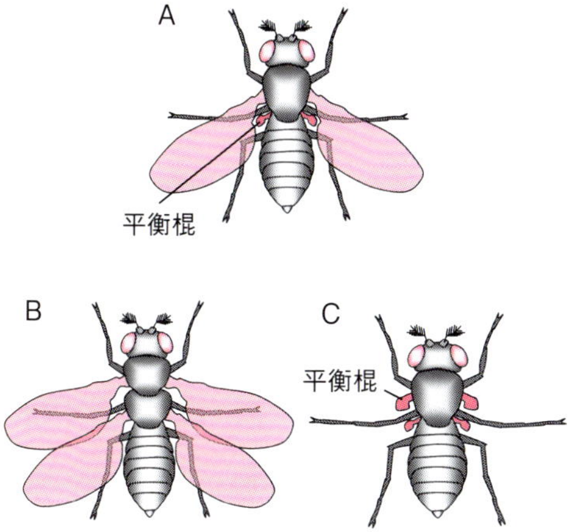

	野生型		*Ubx*の変異体		*Ubx*の変異体	
分節の位置	T2	T3	T2	T3	T2	T3
*Ubx*の発現	－	＋	－	－	＋	＋
*wingless*の発現	＋	－	＋	＋	－	－
形成される構造	翅	平衡棍	翅	翅	平衡棍	平衡棍

コラム図 9　ショウジョウバエの翅の形成とホメオボックス遺伝子
A：正常のハエ．第二胸節と第三胸節には，それぞれ 1 ペアずつの翅と平衡棍が形成されている．B：第三胸節に *Ubx* 遺伝子が発現しない変異体のハエ．第三胸節の平衡棍が翅に変異している．C：第二胸節に *Ubx* 遺伝子が発現した変異体のハエでは，第二胸節の構造が第三胸節の場合と同じように平衡棍に変異している．このような変異体は Cbx（contrabithorax）と呼ばれている．

じように関わっていると考えられる．

4.4.3 HOM-C と Hox の類似性

ハエと脊椎動物では体の体制が大きく異なるが，両者の発生過程で発現するホメオボックス遺伝子の発現パターンやその役割には多くの類似性がある．よく知られているのが，中枢神経系の形成過程におけるホメオボックス遺伝子の発現パターンの類似性である．ハエの脳と腹部神経節，そして，脊椎動物の脳と脊髄の形成過程では，それぞれ，領域化された中枢神経形成の予定領域に **HOM-C** と **Hox** が一定のパターンで発現し，各領域から形成される構造を決定している（図 4.10）．両者とも同じように，ホメオボックス遺伝子の複合体の 3′ 側から 5′ 側にかけて分布する遺伝子の順に，頭部から尾部にかけて発現し，領域化された中枢神経系の予定領域に形成される構造を決める役割を果たしている．また，HOM-C や Hox などのように複合体で存在しているもののほかに，単独で存在しているホメオボックス遺伝子につ

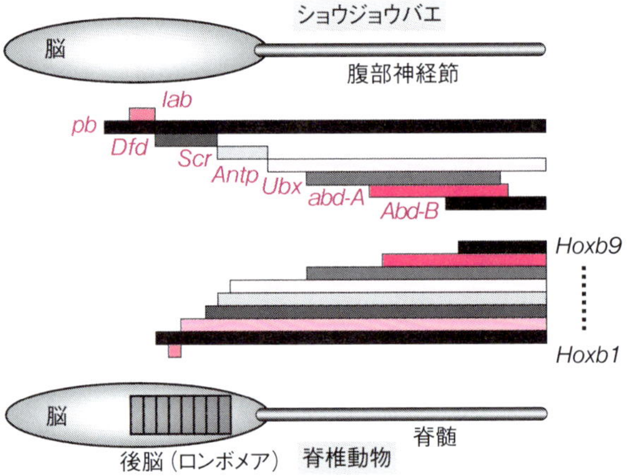

図 4.10　ショウジョウバエと脊椎動物の中枢神経系の発生過程に発現するホメオボックス遺伝子の比較
ハエの脳と腹部神経節，そして，脊椎動物の脳と脊髄の形成過程で発現するホメオボックス遺伝子の発現パターンに類似性が見られる．ショウジョウバエの *lab* から *Abd-B* までの遺伝子発現のパターンを，それらと対応関係にある脊椎動物の *Hoxb1* から *Hoxb9* までの遺伝子発現のパターンと比較すると，両者の間には類似性が見られる．

いても，ハエと脊椎動物の器官形成において，類似したはたらきをしているものが多く存在する．たとえば，ハエの眼の形成においては，脊椎動物の哺乳類の眼の形成ではたらいている *pax* と相同遺伝子の *paired* がはたらいており，ハエの心臓形成（背側血管形成）では哺乳類の心臓形成ではたらいている *Nkx* と相同遺伝子の *NK* がはたらいている．

4.5　進化とホメオボックス遺伝子

昆虫の HOM-C と脊椎動物の Hox の構造と機能の類似性，そして，HOM-C や Hox とは別にはたらいている多くの種類のホメオボックス遺伝子の構造と機能にも幅広い動物種間に類似性が見られることから，ホメオボックス遺伝子は動物の進化の過程で連綿と引き継がれ，動物の体の形成に重要な役割を果たしてきたと推測されている．それゆえ，進化の過程で生じたホメオボックス遺伝子の発現パターンや構造の変化は，動物の体の構造に大きな変異をもたらすことにより，その進化に深く関わってきたと考えられる．

ホメオボックス遺伝子は動物の体の構造を形成する上で中心的な役割を果たすがゆえに，その遺伝子に異常が生じた場合には，動物の体の構造や機能に大きな変化を引き起こしたと考えられる．そして，その変化が環境にうまく適応できないものであった場合には，変化した動物の子孫は繁栄することなく絶えてしまったであろう．しかしながら，体の変化が環境にうまく適応できるものであった場合には，変化した動物の子孫はそれ以前よりも繁栄したと考えられる．このようにして，ホメオボックス遺伝子の変化に起因する動物の体の構造や機能の変異は，動物の進化に大きく貢献したと考えられる．ここでは，そのような例をいくつか述べる．

4.5.1　昆虫の進化

ホメオボックス遺伝子と進化の関係は，現存の生物の発生過程におけるホメオボックス遺伝子の発現パターンと，化石から得られた知識とを比較して解析されている．ここでは，その一例として，共通の祖先から甲殻類と昆虫が分かれて進化した際のしくみについて解析した例を述べる．

HOM-C の中の *Antp*，*Ubx*，そして *abd-A* 遺伝子の構造は比較的によく似ているので，古代の動物では，それらとよく似た構造の遺伝子が1つ存在していたと考えられる．そして，*Abd-B* は生殖器官の形成に関連したホメオボックス遺伝子として古くから存在していたと考えられる．つまり，節足動物の遠い祖先がもっていたホメオボックス遺伝子は，*Antp*，*Ubx*，*abd-A* の前駆体となる1つの遺伝子と，*Abd-B* の遺伝子の2つの遺伝子からなっていたと推測される．やがて，*Antp*，*Ubx*，*abd-A* の前駆体が複製されて，*Antp*，*Ubx*，*abd-A* 遺伝子のもとになる3つの遺伝子が生じ，それらとともに *Abd-B* をもった甲殻類や昆虫の共通の祖先となる節足動物が生じたと考えられる．その後，*Antp*，*Ubx*，*abd-A* 遺伝子の発現パターンや，機能が変化することにより，肢や翅の形成にさまざまな変異が生じて，現在のエビやカニなどの甲殻類と，ハエやトンボなどの昆虫の祖先に分かれたと考えられる(図 4.11)．

以上の仮説に関連して，甲殻類と昆虫の肢の形成とホメオボックス遺伝子の発現パターンを比較した研究がある．昆虫では，*Antp* により肢の形成が促進され，*Ubx* と *abd-A* により肢の形成が抑制されるために，*Ubx* と *abd-A* が発現される腹部には肢が形成されない．一方，甲殻類のアルテミア（artemia，ブラインシュリンプとも呼ばれる）では，*Ubx* と *abd-A* が発現す

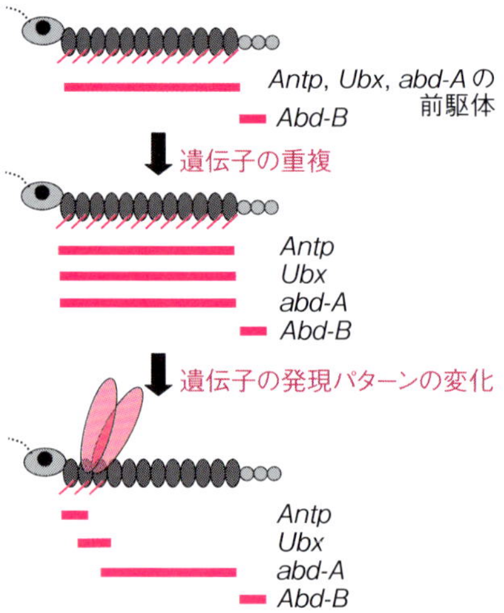

図 4.11　昆虫の進化とホメオボックス遺伝子の発現パターンとの変化
節足動物の遠い祖先がもつホメオボックス遺伝子が重複されて昆虫と甲殻類の共通の祖先が生じたと考えられる．その後，ホメオボックス遺伝子の発現パターンや機能が大きく変化した結果，肢や翅の形成に大きな変化が生じ，現在の昆虫が生じたと考えられる．

る部分にも肢が形成される．それは，アルテミアの *Ubx* が昆虫のものとは異なり，肢の形成を抑制する機能がないからである．この場合は，とりわけ，ホメオボックス遺伝子の機能の変化が動物の体の構造の変異に大きく関連した例と考えられる．また，化石から得られたデータでは，約 4 億年以上も前に，現在の甲殻類や昆虫が共通の祖先から分かれたと推測される．おそらく，その時代に，ホメオボックス遺伝子の機能に大きな変化が生じたために，その動物の体の構造にも大きな変異が引き起こされたと考えられる．両者の変異はそれぞれが棲息する環境にうまく適応したために，甲殻類と昆虫の両者は現在まで繁栄を続けているのであろう．

4.5.2　手の骨の形成とホメオボックス遺伝子

動物の四肢の形成過程では，ホメオボックス遺伝子の Hox-A と Hox-D が，その基本構造の決定に重要な役割を果たしている．ヒトの手の形成過程について見ると，Hox-D の *Hoxd9* から *Hoxd13* を中心としたホメオボックス遺伝子が関わっている．Hox-D の遺伝子は，上腕部から指先までの形成に対応して，時間と空間的に一定のパターンで発現し，手足を形成する際の基本構造となる各部の骨の形成を制御している（図 4.12）．

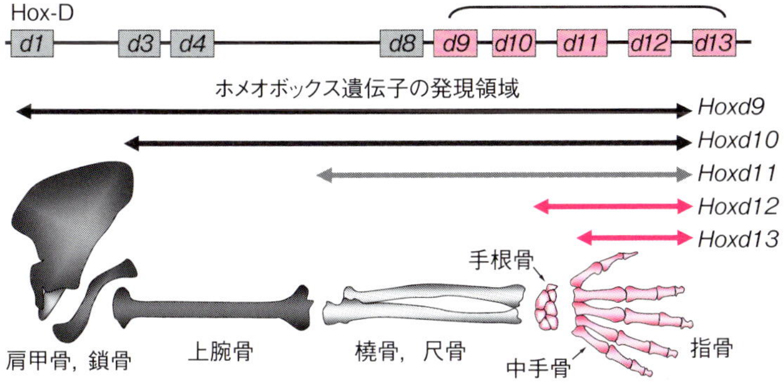

図 4.12　ヒトの手の形成におけるホメオボックス遺伝子の発現パターン
手足の形成においては，その骨格構造の形成が基本となる．そして，骨格構造の形成には，ホメオボックス遺伝子の *Hoxd9* から *Hoxd13* までの遺伝子の発現パターンが重要な役割を果たしている．

手足を形成する最初の構造は**肢芽**（limb bud）と呼ばれるふくらみで，その原基から手足の構造が形成される．肢芽から手が形成される際には，肢芽に *Hoxd9* が最初に発現し，それに遅れて *Hoxd10*，*Hoxd11*，そして，*Hoxd12*，*Hoxd13* の遺伝子が相次いで前方の方向に位置的にずれて発現する．これは，肢芽から手の各部の骨が形成される際の位置関係とよく対応している．それは，*Hoxd9* から *Hoxd13* が発現する時間と位置のパターンが，肩甲骨や鎖骨から指の骨に至るまでの骨格構造が形成される際に位置決めの役割を果たしているからである．そのために，*Hoxd9* から *Hoxd13* までの遺伝子のどれかの発現に欠損や異常が生じると，それに対応した手の構造に変異がが生じる．たとえば，*Hoxd11* の発現が異常になると，手の場合では橈骨と尺骨の構造に変異が生じ，*Hoxd13* の発現が異常になると，指の構造に変異が生じることが知られている．

4.5.3　脊椎動物の鰭（ひれ）から四肢への進化

ホメオボックス遺伝子の発現パターンの変化が，脊椎動物の体の構造の進化の過程に深く関連していることを示唆する多くの例が知られている．たとえば，脊椎動物の**鰭**から**四肢**への進化と，ホメオボックス遺伝子の発現パターンの変化との間に密接な関連性が指摘されている．魚類の鰭は両生類の四肢と相同器官であり，化石による解析から，進化の過程で魚の鰭から両生類の四肢が形成されたと推測されている．そして，その過程では，ホメオボックス遺伝子の発現パターンの変化が大きく関係したと考えられている．

古代魚の鰭と古代両生類の四肢の骨格構造のパターンについては，化石のデータから比較することが可能である．また，現存する魚類と四足動物の胚を調べることにより，鰭と肢の原基である鰭芽と肢芽に発現するホメオボックス遺伝子の発現パターンを比較することができる．両者から得られたデータを比較検討した結果，ホメオボックス遺伝子の発現パターンの変化が鰭から肢への進化に密接に関連することが明らかになった．それは，化石から得られた鰭と肢の骨格構造のパターンと，現存する動物の鰭や肢の形成過程で発現するホメオボックス遺伝子の時間的，空間的な発現パターンとの間に密接な関連性が見られるからである（図 4.13）．

鰭芽と肢芽の発生過程では，Hox-A や Hox-D が一定のパターンで発現し，鰭芽と肢芽を構成する骨の構造を決定する．たとえば，鰭芽の発生過程では，その先端部に *Hoxd11* が発現し，その内側に *Hoxd13* が発現する．一方，肢芽の発生過程における *Hoxd11* と *Hoxd13* の発現パターンを見ると，鰭芽の場合とは異なるパターンで発現している．鰭芽と肢芽のホメオボックス遺伝子の発現パターンと，化石から得られた四肢の骨格構造における軸構造のパターンとの間によく似た関係が見られた．このことから，*Hoxd11* と *Hoxd13* の発現パターンの変化が鰭から肢への進化に重要な役割を果たしたことが推測される．

以上の例のように，ホメオボックス遺伝子が進化の過程で果たした重要な役割を裏付ける証拠はいくつもあげられている．そのために，以前のような化石の比較だけに頼った動物の進化の説明は，化石とホメオボックス遺伝子の発現パターンの比較を用いたものへと大きく展開し，その説明もより具体的なものになってきた．

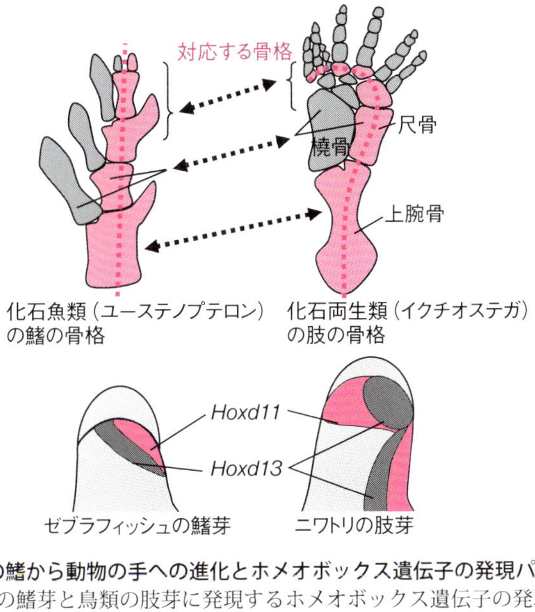

図 4.13　魚の鰭から動物の手への進化とホメオボックス遺伝子の発現パターンの変化
現存の魚類の鰭芽と鳥類の肢芽に発現するホメオボックス遺伝子の発現パターンと，化石の鰭と手の骨に見られる軸構造を比較すると，両者の間に類似性が見られる．

5章 細胞分化と器官形成

原腸胚形成により三胚葉の体制が構築されると，次に，体の中心となる脊索や神経管などが形成される．それらに引き続き，心臓，体節，体腔など，さまざまな構造の形成が行われる．このような動物の組織や器官の形成過程において中心的な役割を果たしているのが，上皮（外胚葉や内胚葉）と間葉（中胚葉）の間で行われる胚葉間の相互作用である．組織や器官は複数の胚葉から成り立っているので，それらの形成過程では胚葉間どうしの相互作用が重要な役割を果たしている．その相互作用を通して，細胞増殖や細胞分化が誘導され，さまざまな機能を担う組織や器官が形成される．ここでは，それらの過程について述べる．

5.1 胚葉間の相互作用

脊椎動物では，原腸胚期になると外胚葉と内胚葉の間に中胚葉が入り込んで，胚全体にわたって三胚葉構造が形成される．このような三胚葉構造の形成は，引き続く組織や器官の形成にとって必要不可欠なステップである．それは，組織や器官が複数の胚葉から構成され，それらが形成される際には，**上皮間葉相互作用**（epithelial mesenchymal interaction）と呼ばれる胚葉間の相互作用が重要な役割を果たしているからである．

上皮間葉相互作用は，外胚葉と内胚葉からなる上皮組織と，中胚葉からなる間葉組織との間で行われる相互作用のことで，その際には，細胞間の分泌物質を介した情報のやり取りや，細胞どうしの接着などを介した情報のやり取りが行われる（図 5.1）．互いに情報のやり取りを行うことにより，相手の細胞の増殖や分化を制御しながら組織や器官を形成する．その際の分泌物を介した情報伝達のやり取りには，成長因子や**細胞外基質**（extracellular matrix）などの分泌物質とその受容体が関わっている．そして，細胞どうしの接着を介した情報のやり取りには，細胞膜に存在する**細胞接着分子**（カドヘリンや免疫グロブリンスーパーファミリーなど）が関わっている．情報を受容する側の細胞は，分泌物質の受容体や細胞接着分子を介して相手の細胞からの情報を受け取ると，その情報を細胞内に伝達する．細胞内に伝達された情報は，**細胞内情報伝達系**（コラム10）により細胞内に広く伝達され，最終的には，細胞の生理機能（たとえば，細胞運動や分泌機能など）の変化や，新たな遺伝子の発現などを引き起こす．

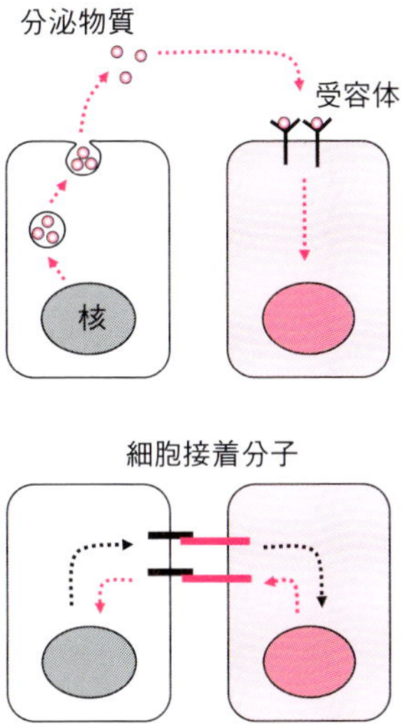

図 5.1　細胞どうしの情報伝達
発生過程における胚細胞どうしの情報伝達の基本は，分泌物質とその受容体を介した情報の伝達と，細胞接着分子を介した情報の伝達である．点線の矢印は情報の伝達の方向を示す．

器官形成の際に細胞間に分泌され，細胞増殖や細胞分化などを制御している物質には多くの種類が存在する．それらは，一般に**モルフォゲン**（morphogen）と呼ばれており，胚細胞に対して濃度依存的な作用を及ぼす．たとえば，モルフォゲンの一種である成長因子の**アクチビン**の例がよく知られている．アクチビンは両生類胚のオーガナイザー域から分泌されている誘導物質の中では最も作用の強い物質として知られ，これを未分化状態の予定外胚葉に作用させると，その濃度に依存して，さまざまな種類の細胞分化を誘導する（図5.2）．

胚細胞から分泌されるアクチビンや*BMP*は*TGF-β*の仲間で，それらはまとめて*TGF-β*ファミリーと呼ばれている．そのファミリーの仲間には多くの種類が存在し，動物の発生過程で見られる組織形成や器官形成において重要な役割を果たしている．分泌された*TGF-β*ファミリーの成長因子が相手の細胞の受容体に結合すると，その情報が受容体を介して細胞内情報伝達系に伝えられる．この際の，受容体から細胞内への情報の伝達は，キナーゼ（基

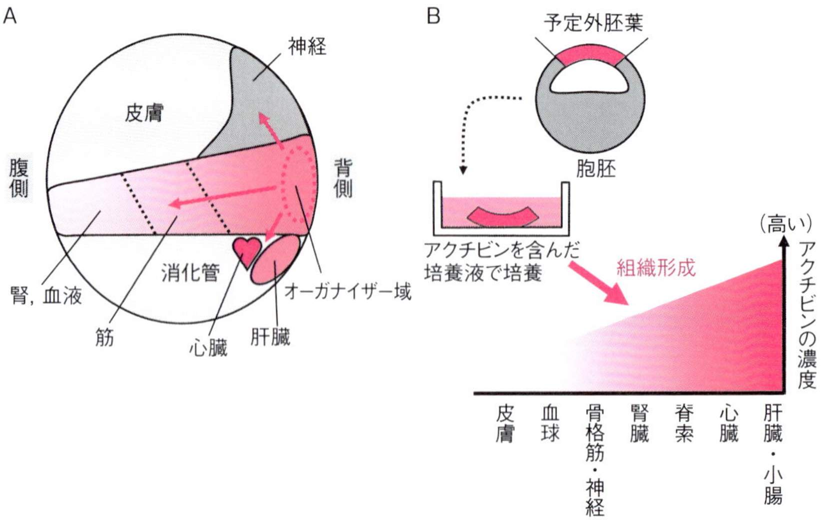

図 5.2　モルフォゲンの濃度勾配に依存した細胞分化の誘導
モルフォゲンの一種として知られるアクチビンは，その濃度に依存してさまざまな種類の細胞分化を誘導する．A：アクチビンを分泌する両生類の初期原腸胚のオーガナイザー域と，その影響を受けて形成されるさまざまな組織や器官の予定領域との位置関係を示す．赤い矢印はアクチビンの拡散を示す．B：原腸胚期以前の胚から予定外胚葉を切り取って培養しておくと皮膚にしかならない．その予定外胚葉に一定の濃度のアクチビンを作用させて培養すると，アクチビンの濃度に依存してさまざまな組織が形成される．アクチビンの濃度に依存して形成される組織の種類と，オーガナイザー域と各種組織や器官の予定領域との位置関係には関連性が見られる．

質の特定部位のアミノ酸をリン酸化する酵素）の活性化による標的タンパク質のリン酸化を介して行われる．このようなキナーゼによる標的タンパク質のリン酸化が連鎖反応的に細胞内で次々と引き継がれていくことにより，細胞外からの情報が細胞内に広く伝達される．そして，最終的な標的となる核内に情報が伝えられると，新たな遺伝子の発現が引き起こされ，細胞増殖や細胞分化などが制御される．また，このような細胞内における情報伝達の方法には，標的タンパク質のリン酸化以外にもいくつかの方法がある（コラム10）．

コラム 10
細胞内情報伝達系

外部環境から細胞内に伝達されるさまざまな情報は，細胞の生理機能や遺伝子発現に大きな影響を及ぼす．細胞膜により外部環境から隔離されている細胞では，外部環境から細胞内への情報伝達のほとんどは，細胞膜を貫通して存在する受容体や細胞接着分子などを介して行われる．しかし，一部の分子（たとえば，細胞膜を自由に通過できる疎水性の低分子であるステロイドホルモンなど）については，細胞膜を自由に通過して細胞内に入り込み，細胞内や核内の受容体に直接結合して情報を伝達することが可能である．

細胞膜の受容体を介して外界から細胞内へ伝えられる情報の伝達様式には，主要な 3 つのタイプがある．その 1 つのタイプは，分泌された成長因子などが標的細胞の細胞膜の受容体に結合すると，その情報がタンパク質のリン酸化を介して細胞内に伝達される方法である．この場合は，情報伝達を担う分子が細胞膜の受容体に結合すると，受容体の一部を構成する**キナーゼ**や，受容体の細胞内領域に結合しているキナーゼが活性化され，細胞外からの情報が細胞内に伝達される．その際の情報伝達は，キナーゼによる標的タンパク質のリン酸化という方法で行われる（コラム図 10.1）．引き続き，このような標的タンパク質のリン酸化が細胞内で何ステップも引き継がれて行くことにより，細胞外からの情報が細胞内に広く伝達される．このようなリン酸化による細胞内の情報伝達系としてよく知られているのが，**MAP キナーゼカスケード**（mitogen activated protein kinase cascade）と呼ばれる一連の経路である．

2 つ目のタイプは，**7 回膜貫通タンパク質**からなる細胞膜の受容体と，その細胞質側に結合した**三量体 G タンパク質**（α，β，γ の 3 種類のタンパク質からなる複合体）による細胞内への情報の伝達方法

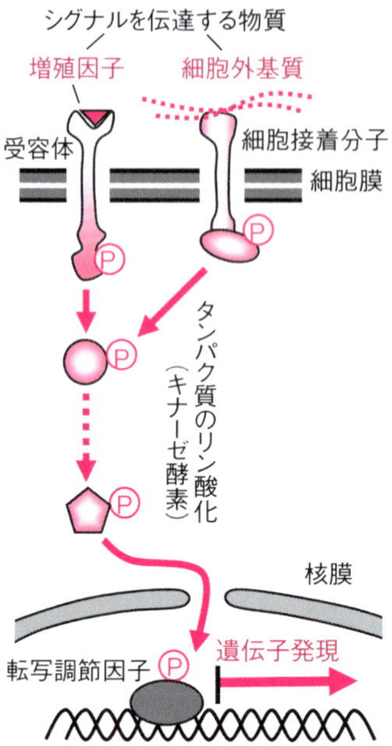

コラム図 10.1　タンパク質のリン酸化による細胞内の情報伝達
細胞外からのシグナルが受容体や細胞接着分子に作用すると，その情報は細胞内の情報伝達系に伝えられる．細胞内の情報伝達に用いられている主要な手段の１つが，タンパク質のリン酸化である．この場合，細胞内では，標的タンパク質が順次リン酸化されることにより情報が伝えられていく．それらの情報は，最終的には，細胞の機能の変化や新たな遺伝子の発現を引き起こし，細胞の性質を大きく変化させる．

である．7 回膜貫通タンパク質は，細胞膜を 7 回貫通する構造をしているのでそう呼ばれている．この受容体には多くの種類が存在し，さまざまな種類の分泌物質による情報を細胞内に伝達する役割を果たしている．7 回膜貫通タンパク質の細胞内領域には三量体 G タンパク質と呼ばれるタンパク質複合体が結合していて，受容体が受け取った細胞外からの情報を細胞内の情報伝達系に伝達している（コラム図 10.2）．

G タンパク質には，受容体と結合している三量体 G タンパク質と，細胞内の情報伝達経路の各所ではたらいている小型の G タンパク質（**small G-protein**）の 2 つのタイプが存在し，それぞれのタイプとも多くの種類の分子が知られている．それら G タンパク質は，細胞内

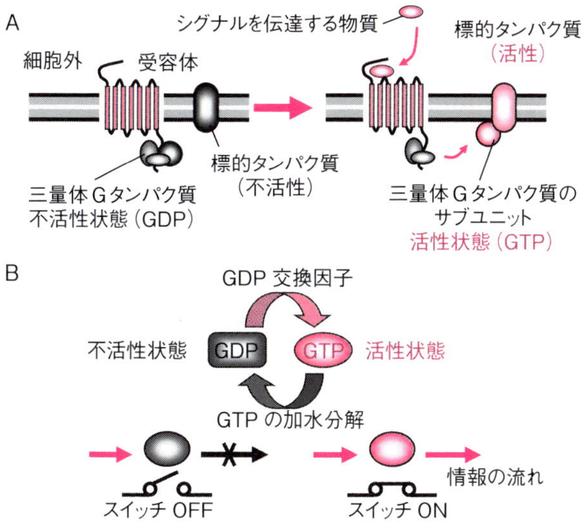

コラム図 10.2　G タンパク質による情報伝達
A：7 回膜貫通タンパク質の受容体はその細胞質領域に三量体 G タンパク質を結合している．受容体に細胞外からのシグナルが作用すると，三量体 G タンパク質に結合している GDP が GTP と交換されて，三量体 G タンパク質が活性化される．活性化された三量体 G タンパク質のサブユニットは，受容体を離れて標的タンパク質と結合することにより，標的タンパク質を活性化させる．B：細胞内情報伝達系の経路には small G タンパク質が介在している．それらの small G タンパク質に結合している GTP が GDP に交換されると，情報伝達経路のスイッチが OFF から ON になり，情報が伝達される．

の情報伝達経路における情報の流れを制御するスイッチのような役割を果たしている．つまり，G タンパク質に GDP が結合している時が不活性型で，情報伝達経路のスイッチが OFF の状態にある．その状態から，GDP 交換因子のはたらきにより GDP が GTP に交換されると，G タンパク質が活性型になり，スイッチが ON の状態になる．この状態になると，情報の伝達が可能になる．そして，GTP が加水分解されると再び不活性型になり，スイッチが OFF の状態にもどる．

三量体 G タンパク質の場合には，情報伝達を担う物質が細胞膜の受容体に結合すると，受容体の細胞質領域に結合している G タンパク質の GDP が GTP に交換されて活性型になる．そして，活性型になった G タンパク質は受容体から分離し，標的タンパク質のところまで移動して，標的タンパク質と結合することにより，情報を伝達する．また，小型の G タンパク質の場合には，細胞内の情報伝達経路の随所に存在し，その経路を流れる情報の流れを制御している．

3 つ目のタイプは，細胞外から伝達された情報を，細胞内で別の情報伝達因子（**二次情報伝達因子**と呼ばれている）に変換し，その二次情報伝達因子を用いて細胞内の広範囲に情報を伝達する方法である（コラム図 10.3）．この方法では，細胞内の二次情報伝達因子として，Ca^{2+}，IP_3，cAMP などの水溶性の低分子が用いられている．情報伝達を担う物質が細胞膜の受容体に結合すると，三量体 G タンパク質を介して，アデニル酸シクラーゼやホスホリパーゼ C などの酵素が活性化される．その結果，細胞内の IP_3，Ca^{2+}，cAMP などの濃度が増加する．その濃度が一定の値以上になると，二次情報伝達因子は標的タンパク質と結合して，その標的タンパク質を活性化する．Ca^{2+} や cAMP が結合する標的タンパク質には多くの種類が存在するので，外界からの情報は細胞内のさまざまな機能に影響を及ぼす．そして，二次情報伝達因子の濃度が低下するとそれらは標的タンパク質から遊離するので，標的タンパク質はもとの不活性な状態に戻る．

細胞膜を貫通して存在する多くの種類の細胞接着分子は，細胞接着の役割だけでなく，情報伝達を専門に行っている細胞膜の受容体と同じように，細胞外からの情報を細胞内に伝達する役割も果たしている（コラム図 10.1）．それらは，細胞が他の細胞や外部の物質（たとえば，細胞外基質など）と接着したという情報を細胞内に伝達する役割を果たしている．細胞接着分子の細胞質側には情報伝達に関わる多くの分子が結合しており，それらが細胞外からの情報を細胞内に伝達している．たとえば，細胞接着分子のインテグリンの細胞質領域には，キナーゼの機能をもったタンパク質を含む多くの種類のタンパク質が結合しており，それらを介してインテグリンに細胞外基質が結合したという情報を細胞内に伝達している．

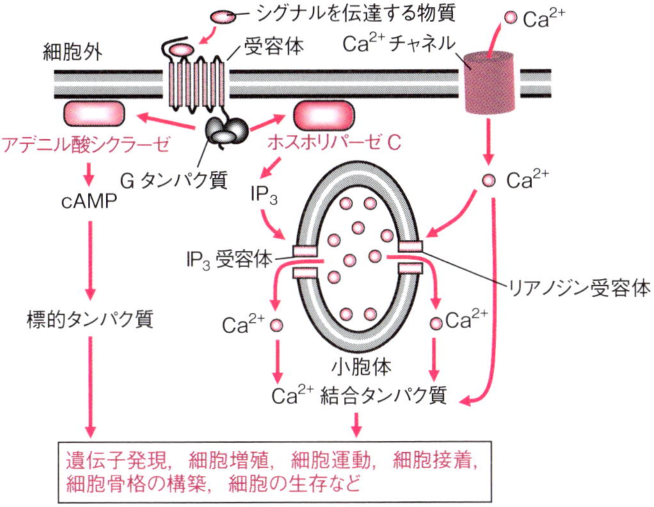

コラム図 10.3　二次情報伝達因子を介した情報伝達
細胞外からのシグナルにより，細胞内の cAMP, IP_3, Ca^{2+}などの二次情報伝達因子の濃度が上昇すると，それらは濃度依存的に標的タンパク質と結合する．その結果，標的タンパク質が活性化されて，外部からの情報が細胞内の情報伝達系に伝達される．細胞内のCa^{2+}の濃度上昇は，Ca^{2+}を貯蓄している小胞体からの放出によるものと，細胞膜のCa^{2+}チャネルを通した外部からの流入によるものがある．小胞体からのCa^{2+}の放出は，小胞体膜に分布するCa^{2+}チャネルの IP_3 受容体やリアノジン受容体により行われる．

5.2　細胞分化

動物の体は機能の異なる多くの種類（ヒトの場合では，約 200 種類）の細胞から構成されている．それゆえ，発生過程で組織や器官が形成される過程では，胚細胞はそれら多様な種類の細胞へと変化していく．このように，胚細胞が特定の機能をもった細胞に変化する現象は**細胞分化**（cell differentiation）と呼ばれている．細胞分化した細胞は，一般に，それ以上には細胞増殖せず，組織や器官の構成要素の一部として特定の機能を果たした後に，やがて寿命を終える．

細胞分化の過程では，細胞増殖能をもつが，特定の機能的な役割をもたない未分化細胞が，増殖をやめて特定の機能をもった細胞へと変化する．この過程では，基本的な細胞機能の維持に必要な遺伝子（**ハウスキーピング遺伝子**とも呼ばれている）の発現はそのまま維持しながらも，特定の機能に必要な遺伝子を新たに発現する．それと同時に，分化後には必要のない遺伝子（たとえば，細胞増殖に関係する遺伝子など）は不活性化してしまう（DNA のメチル化をともなう遺伝子の不活性化，図 6.2）．このような細胞分化にともなう遺伝子の新たな発現や不活性化は，多くの種類の転写因子により調節されている（コラム 5）．

このような細胞分化の過程について，中胚葉細胞が骨格筋細胞に分化する場合を例に示す（図 5.3）．骨格筋細胞は，神経管の両側に形成された体節（後述）の一部から分化する．体節は中胚葉から形成された構造で，神経管の両側に近接して存在する．その体節の一部から骨格筋細胞の分化が誘導される際には，体節に隣接した組織（たとえば，神経管，脊索，外胚葉，側板中胚葉など）から分泌される多くの種類のタンパク質の作用が重要な役割を果たしている．神経管と脊索からは，それぞれ**ウイント**と**ソニックヘッジホッグ**などのタンパク質が分泌され，それらは体節に作用してその一定領域を骨格筋細胞へと分化させる役割を果たしている（図 5.6）．ウイントとソニックヘッジホッグの誘導作用により，体節の一定領域に *MyoD*（マイオディー）や *Myf-5*（ミフ -5）と呼ばれる転写因子が発現すると，体節の細胞から骨格

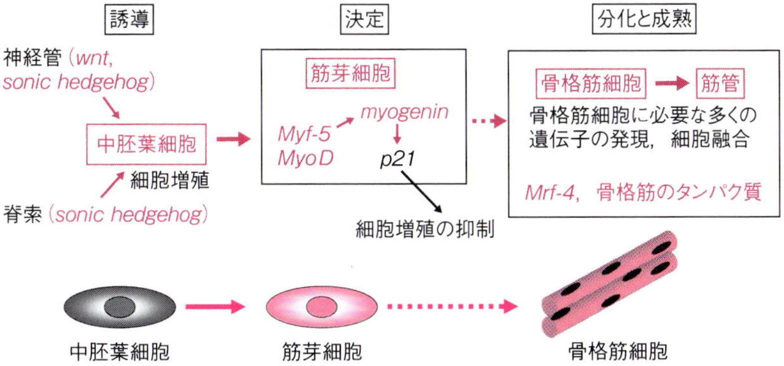

図 5.3　中胚葉細胞から骨格筋細胞への分化
中胚葉細胞から骨格筋細胞が分化する過程では，周囲の組織から分泌される誘導因子が重要な役割を果たしている．誘導因子の作用により，中胚葉細胞に *Myf-5* や *MyoD* などの転写因子の発現が引き起こされ，中胚葉細胞は筋芽細胞へと変化する．その段階で，骨格筋細胞への分化が決定される．その後，骨格筋への分化に必要な多くのタンパク質の発現が引き起こされ，筋芽細胞から骨格筋細胞へと成熟する．

筋細胞へと向かうように**決定**（determination）された状態と見なされ，その段階の細胞は**筋芽細胞**（myoblast）と呼ばれる．

MyoD と *Myf-5* の両者とも，*bHLH*（basic helix-loop-helix）と呼ばれる DNA と結合するための領域をもつ転写因子で，中胚葉細胞を骨格筋細胞へ向かわせる役割を果たす主要な遺伝子である．*MyoD* や *Myf-5* の作用により，筋芽細胞にミオゲニン（*myogenin*, *MyoD* と同じ bHLH 構造をもつ転写因子）が発現されると，細胞は増殖を停止して骨格筋細胞へと分化を開始する．骨格筋細胞に分化すると，転写因子の *Mrf-4*（*MyoD* や *Myf-5* の仲間）と，骨格筋形成に必要な多くの種類の機能タンパク質（骨格筋細胞に必要なミオシンやトロポミオシンなど）が発現される．やがて，骨格筋に分化した細胞が融合して，**筋管**（myotube）と呼ばれる多核で大型の細胞が形成されると，成熟した骨格筋細胞が完成する．

一般に，発生の過程で組織や器官が形成される際には，始めに，それらの構造形成に必要な細胞の数を増やすために，活発な細胞増殖を行う．その後，細胞は増殖を停止して，それぞれ機能的な細胞へと分化する．このように，細胞分化に先立って細胞増殖を停止させるのは，細胞増殖と細胞分化は両立しないからである．そのために，ミオジェニンにより骨格筋細胞への分化が誘導されると，細胞周期を抑制するタンパク質（たとえば，*p21* など）が発現されて細胞増殖が停止され，細胞分化へと進行する．

5.3　器官形成

組織や器官のほとんどは複数の胚葉から形成されるので，それらの形成過程では，細胞どうしの接着や分泌タンパク質を介した胚葉間の相互作用が重要な役割を果たしている．そして，その際には，胚葉どうしだけでなく，周囲に存在する他の組織や器官から分泌される物質の影響も受ける．以下に，器官形成について，いくつかの具体的な例を述べる．

5.3.1　心臓の形成

成長する胚にとって必要不可欠な器官である心臓の形成は，発生の早い時期に行われ,他の組織や器官に先駆けてその拍動機能を発揮するようになる．心筋細胞を形成するのは**予定心臓中胚葉**（presumptive cardiac mesoderm）と呼ばれる領域の中胚葉である．発生の初期には，予定心臓中胚葉域は胚の正中線の左右の2か所に分かれて分布している．原腸胚の時期に胚の内部に移動した予定心臓中胚葉は，原腸胚から神経胚期にかけて，胚の前方部（頭部方向）に向かって活発に移動する（図5.4A）．その移動過程で，予定心臓中胚葉は間葉組織から2層の上皮組織（**壁側中胚葉**と**臓側中胚葉**の層）に転移し，そのうちの内胚葉と接する臓側中胚葉から心筋細胞が分化して心臓が形成される．もう一方の壁側中胚葉からは,心臓を入れる囲心腔（pericardial cavity）の上皮が形成される．

左右に分かれて胚の前方へと移動した予定心臓中胚葉域は胚の前方部で合流すると，両者が融合して1つの心臓を形成する．融合した左右の予定心臓中胚葉は，最初に，**心筒**（heart tube）と呼ばれる管状の構造を形成する．やがて，その心筒は前方から見るとS字状に屈曲して，心房や心室などを形成する（図5.4B）．心筒がS字状に屈曲する際の向きは厳密に規定されているが，突然変異により屈曲の向きが逆転する場合がある．そのような変異

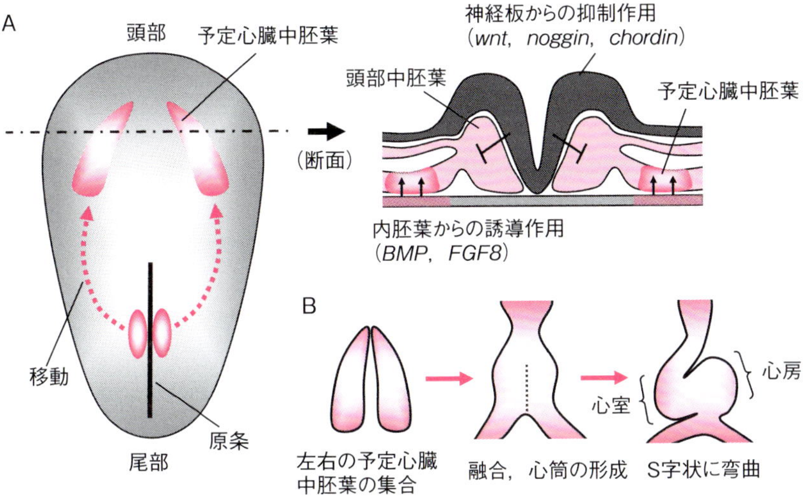

図 5.4　心臓の形成
A：原条の両側に位置する予定心臓中胚葉が，胚の前方の心臓形成域に向かって移動するコースを示す．その過程で周囲の組織から予定心臓中胚葉に誘導作用が及ぼされる．心臓になる領域には心筋細胞への誘導作用が，そして，それ以外の領域には心筋細胞への分化を抑制する作用が及ぼされる．B：左右に分かれて移動してきた予定心臓中胚葉は，胚の前方部で融合して心筒を形成する．心筒がS字状に屈曲することにより左右の心房や心室が形成される．

は心臓逆位と呼ばれている．心臓逆位が起きた個体では，心臓だけでなく左右不対称な構造をした他の臓器（たとえば，肝臓，肺，消化管など）の向きも逆になる場合が多い．その原因は，動物の内臓の左右の向きを厳密に決めている分子的なしくみが存在し（コラム 11），そのしくみに異常が生じると，心臓を含めた左右不対称な内臓の向きが逆向きやランダムになるからである．

予定心臓中胚葉は，胚の前方に位置する心臓形成の領域に向かって移動していく間に，間葉組織から上皮組織への転移が引き起こされるとともに，中胚葉細胞から心筋細胞への分化が誘導される．それは，心筋細胞への分化を誘導する因子が胚の前方の内胚葉から分泌されているために，前方に移動した予定心臓中胚葉のうちの臓側中胚葉がその作用を受けるからである．内

コラム 11
体の構造の左右の決定

動物の体には，前後（頭尾），背腹，左右などの向きがあり，それらは発生の初期段階で正確に決定される．前後や背腹方向が決定されるしくみについてはその例を 3 章で述べたが，ここでは，動物の体の左右方向が決定されるしくみについて述べる．われわれの体の外見は左右対称であるが，体の内臓を見ると，その多くが左右不対称である．たとえば，心臓，肝臓，肺などを見ると，それらの形は左右不対称である．また，膵臓や脾臓などは片側に 1 つ存在するだけである．

それらの内臓の向きや位置は，ヒトそれぞれによってバラバラではなく，誰もが皆同じである．このことは，動物の体の発生過程においては，体の左右方向を決める厳密なしくみがはたらいていることを示している．非常に稀ではあるが，たとえば，内臓の向きや位置が逆になった**内臓逆位**（situs inversus）や，内臓の位置が乱れる**不定位**（situs ambiguous）などの異常が知られている．最近の研究により，これらの異常に関わる遺伝子が明らかにされ，動物の体の左右方向の決定に関わる分子メカニズムが次第に明らかになってきた．その結果，体の左右方向の決定には，胚の片側だけで発現するいくつかの遺伝子が関わっていることがわかった（コラム図 11）．

脊椎動物の左右方向が決められる最初のステップは動物種の違いにより少し異なるが，左右方向の最終的な決定に関わる分子は，動物種の違いに関わらず共通している．たとえば，カエルでは植物極に分布する母性因子の ***Vg1***，ニワトリでは**アクチビン**，マウスではモノシリアと呼ばれる特殊な繊毛の形成に関わる遺伝子が，左右方向を決める最初のステップで重要な役割を果たしている．しかしながら，左右方向の最終決定に関わる分子は，それぞれの動物ともに共通して，*TGF β*の仲間の *nodal*（ノーダル）と呼ばれる分泌タンパク質とホメオボックス遺伝子の仲間の *pitx2*（ピットエックス 2）と呼ばれる転写因子である．これらの遺伝子は，発生の過程で，胚の左側だけで発現して右側では発現しないように調節されている．この遺伝子発現パターンの違いが，動物の体の左右の違いを決めていると考えられている．このような *nodal* と *pitx2* の偏った発現パターンによる左右決定のしくみについては，脊椎動物の進化の過程でよく保存され，魚類から哺乳類に至るまで引き継がれてきたと考えられている．

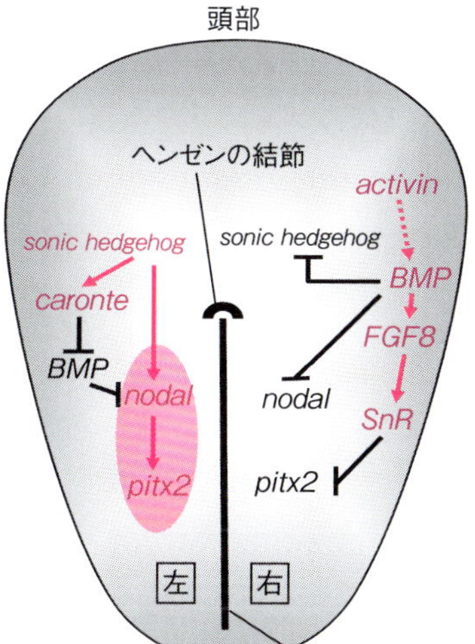

コラム図 11　体の左右の決定のしくみ
動物の体の左右の決定は発生の初期に行われる．そのしくみの最初の過程は動物の種により少し異なるが，最終的な段階に関わる遺伝子は脊椎動物において共通している．それらの遺伝子は，胚の左側のみに発現する *nodal* と *pitx2* である．ここでは，左右の決定に関わる遺伝子発現のパターンについて，ニワトリの胚を例に示した．*caronte* は分泌タンパク質で BMP に結合してその作用を阻害する．そして，*SnR* は *pitx2* の発現を阻害する転写因子である．

胚葉細胞から分泌されている誘導因子には，*BMP* や *FGF8* などの成長因子が知られている．それらの作用を受けた予定心臓中胚葉細胞には，*Nkx* や *myocardin*（マイオカルディン）などの転写因子の発現が誘導される．*Nkx* は**ホメオドメイン**をもつ転写因子である．この遺伝子の発現により，予定心臓中胚葉細胞が心筋細胞になるように決定される．その一方で，臓側中胚葉の心臓形成域以外の中胚葉領域に対しては，周辺の組織（外胚葉や脊索）から心筋細胞への分化を抑制する因子（ウイント，ノギン，コーディンなど）の作用が及ぼされる（図 5.4A）．これは，必要な部分だけを心筋細胞に誘導して，それ以外の部分が心筋細胞へ分化するのを抑制するためである．

予定心臓中胚葉細胞に *Nkx* や *myocardin* などの転写因子が発現して心筋細胞への分化が決定されると，それらの転写因子は次の標的遺伝子の発現を誘導して，心筋細胞への分化をさらに進行させる．その過程で発現してくるのが *gata*（ガタ）と呼ばれる転写因子で，それにより細胞の増殖や，心筋細胞への分化が促進される．心筋細胞への分化にともない，心臓形成に向けた予定心臓中胚葉の立体構築も進行する．融合した左右の予定心臓中胚葉は，最初に，管状の構造をした心筒を形成する．次に，心筒は S 字状に屈曲して心臓の形態形成が開始される．心臓の形態形成が始まる時期になると，*hand* や *Tbx* と呼ばれる転写因子の遺伝子が心臓の特定部位に発現する．右心室には *dhand* が，そして，左心室には *ehand* が発現する．一方，*Tbx* は心臓の形成の進行にともない，その発現パターンが変化する．これらの転写因子は心臓原基の一定領域に限局して発現し，心臓の各部の構造の形成，たとえば，左右の心室や心房などの形成に関わる．

心臓の形成に関わる重要な遺伝子は進化の過程でよく保存されてきた．たとえば，ショウジョウバエの**背管**（dorsal vessel）と呼ばれる脊椎動物の心臓に相当する器官が形成される過程では，脊椎動物の心臓形成に関わる遺伝子と相同の遺伝子がいくつも発現して，その形態形成に重要な役割を果たしている．それらには，たとえば，脊椎動物の *BMP*，*Nkx*，*gata*，*Tbx* などと相同な，それぞれ，*decapentaplegic*，*tinman*（ティンマン），*pannier*（パニエ），*dorsocross*（ドルソクロス）と呼ばれる遺伝子がある．それらの遺伝子は，

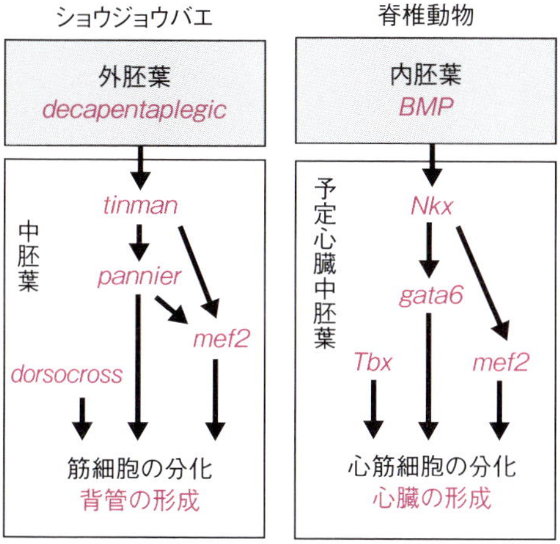

図 5.5　心臓形成に関わる遺伝子の系統発生
ショウジョウバエの背管（脊椎動物の心臓と相同の器官）の形成と，脊椎動物の心臓の形成ではたらいている転写因子の遺伝子を比較すると，類似のものが多く見られる．心臓形成に関わる基本的な遺伝子の種類とその制御機構が進化の過程で保存され，ハエから哺乳類に至るまでの過程で引き継がれてきたことを示唆している．

背管の形成過程で心臓形成の場合と同じようなタイミングで発現し，背管の形態形成においても，心臓の形態形成の場合とよく似た役割を果たしている（図 5.5）．

5.3.2　体腔と体節の形成

胚の内部に移動した中胚葉の正中部から脊索が形成され，その両側に位置する**沿軸中胚葉**から**体節**（somite）が形成される（図 5.6，口絵②参照）．そして，体節と隣接した外側の**中間中胚葉**から**腎節**（nephrotome）が形成され，さらに，その外側の**側板中胚葉**からは**壁側中胚葉**と**臓側中胚葉**の 2 層の上皮層が形成される．側板中胚葉から 2 層の上皮層が形成される過程では，間葉組織から上皮組織への転移が起こる．形成された 2 層の上皮層の間の隙間が広がって**体腔**（coelom）になる．

体節は，やがて，**皮節**（dermatome），**筋節**（myotome），**硬節**（sclerotome）の 3 つの領域に分かれ，それぞれの領域から，皮膚の真皮層，骨格筋，椎骨などが形成される．腎節からは腎臓や生殖腺などが形成される．そして，壁

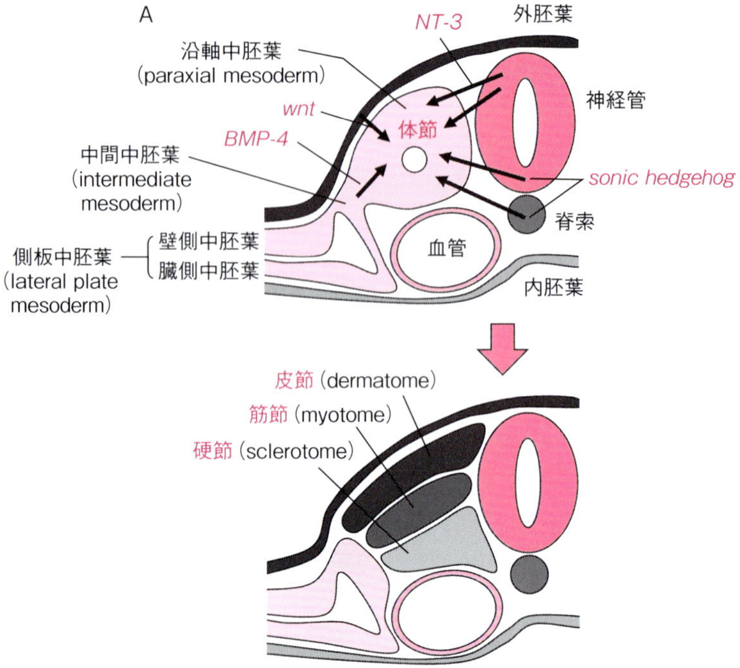

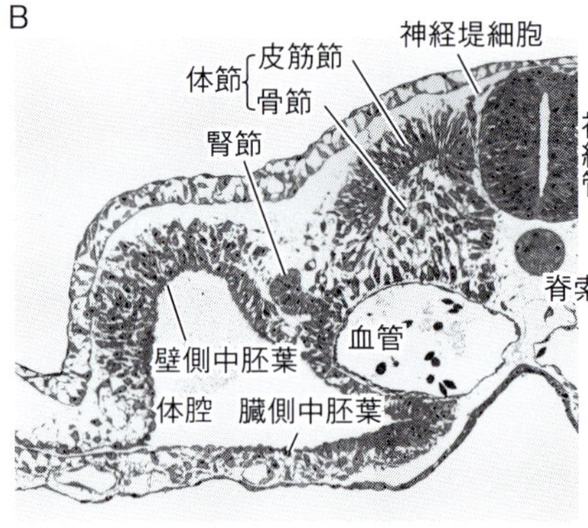

図 5.6　体節の領域化

A：神経管の両側に形成された体節は，その周囲に分布する神経管，脊索，外胚葉，中間中胚葉などから分泌される誘導物質の作用を受けて，皮節，筋節，硬節に領域化され，それらの領域から，皮膚の真皮，骨格筋，椎骨などがそれぞれ形成される．
B：ニワトリ胚の体節を示す光学顕微鏡写真．皮筋節からは皮節と筋節が分化する．

側中胚葉からは体腔を覆う胸膜や腹膜が形成され，臓側中胚葉からは心筋，平滑筋，血管や血球などが形成される．脊索は脊椎動物では退化してしまうが，その痕跡は椎間板の一部として残る．

体節は神経管の両側に一定の間隔で配列する分節構造として形成される．その分節構造の形成を制御しているのが，**Notch シグナル系**と呼ばれる周期的な遺伝子発現の機構である（図 5.7A）．体節を形成する中胚葉細胞どうしは細胞膜に存在する ***Notch***（ノッチ）と ***Delta***（デルタ）と呼ばれる膜貫通タンパク質の結合により情報をやり取りしている．*Notch* を発現している細胞は他の細胞が発現している *Delta* と結合すると，*lunatic fringe*（ルナティックフリンジ）や *hes*（ヘス）と呼ばれる遺伝子の発現が誘導される．*lunatic fringe* や *hes* タンパク質が合成されると，それらは負のフィードバックにより自身の発現を抑制する．やがて，それらのタンパク質は分解されるので，再び *lunatic fringe* や *hes* という遺伝子の発現が誘導される．このように周期的に遺伝子発現をくり返している *Notch* シグナル系は時計機構とも呼ばれ，体節の周期的な形成に重要な役割を果たしている．

体節が形成される前の**体節前期中胚葉**（presomite mesoderm）と呼ばれる領域には *FGF* が発現し，尾部から前方に向けた *FGF* の濃度勾配が形成されている．その体節前期中胚葉では *Notch* シグナル系が一定の時間間隔で周期的に発現しており，*FGF* の濃度が低くなる体節前期中胚葉の前方部では，一定の時間間隔で体節が形成されている（図 5.7B, C）．

体節前期中胚葉における *Notch* シグナル系の周期的な遺伝子発現により，体節形成に必要ないくつかの遺伝子（ニワトリでは，*hairy 1*［ヘアリー *1*］，*hes*，*Delta*，*lunatic fringe* など）の発現が，一定の時間と空間的なパターンで引き起こされている．それらの遺伝子の発現により，体節前期中胚葉から体節を形成するために必要な変化，たとえば，間葉構造から上皮構造への転移，体節の前後方向の決定，そして，体節の分節化などが誘導され，中胚葉から分離した新たな体節が一定の間隔をおいて順次形成されている．この過程で，左右の 1 ペアの体節が形成されるのに要する時間は，ニワトリの胚では 90 分，マウスの胚では 120 分，そして，ヒトの胚では 4 ～ 5 時間ほどの

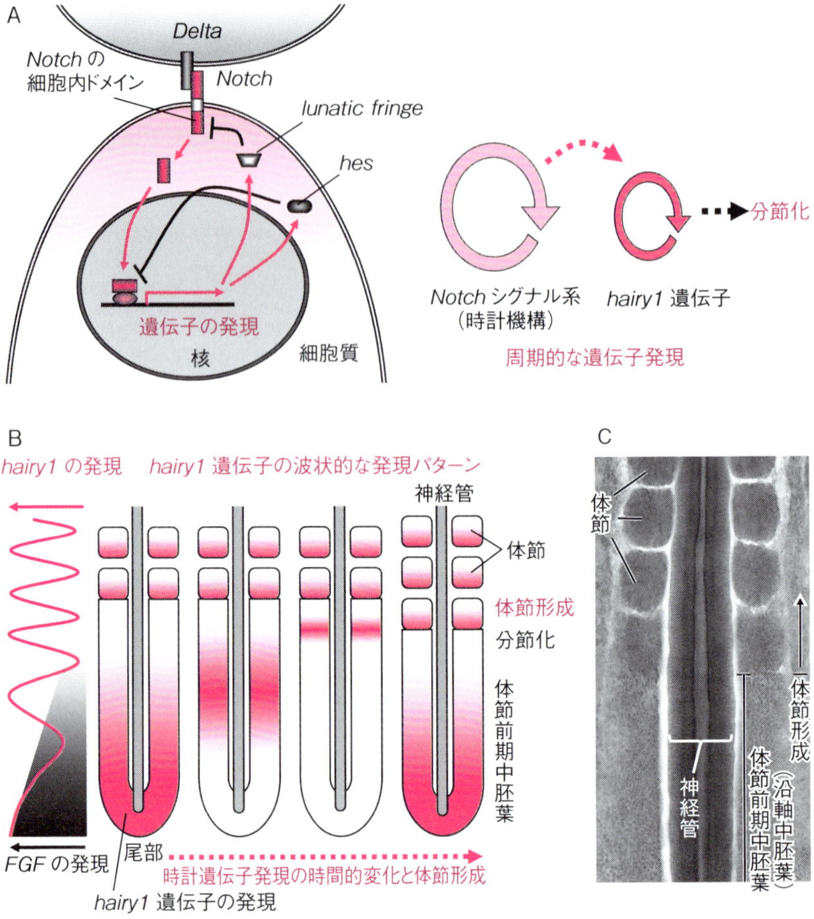

図 5.7　*Notch* シグナルの時計機構

A：体節前期中胚葉の細胞どうしは，細胞膜に分布する *Notch* と *Delta* を結合させて情報伝達している．それらの細胞で発現している *Notch* シグナル系では，正負のフィードバック機構がはたらき，それらがループを形成して *Notch* シグナル系の周期的な発現を制御している．*Notch* シグナル系の発現は，他の遺伝子の周期的な発現を引き起こすことにより，体節の周期的な形成に重要な役割を果たしている．B：ニワトリ胚の体節前期中胚葉に発現している *Notch* シグナル系の周期的な発現パターンと，その発現により引き起こされる ***hairy1*** 遺伝子の周期的な発現パターンを示す．胚の尾部から分節化の領域に向けて，波状的な ***hairy1*** 遺伝子の発現パターンが見られる．そのパターンに対応して，分節化の領域では周期的な体節形成が引き起こされる．C：ニワトリ胚の体節形成の様子を示す光学顕微鏡写真．

周期である．また，形成された体節の数は動物の種により異なるが，魚では約30ペア，マウスでは約50ペア，ヘビでは数百ペアにも及ぶ．

体節が形成されると，やがて，その細胞集団は硬節，筋節，皮節などの領域へとさらに分かれる．その過程では，体節の周囲に存在する外胚葉，神経管，脊索，そして，側板中胚葉などから分泌される多くの種類の誘導物質の作用が体節に及ぼされる（図5.6）．それらの分泌物質には，たとえば，神経管や外胚葉から分泌される**ウイント**，脊索から分泌される**ソニックヘッジホッグ**，側板中胚葉から分泌される *BMP* や *FGF* などがある．それらは，細胞膜の受容体を介して体節の細胞に情報を伝達して，体節の領域化とそれぞれの領域からの組織形成を誘導する．

5.3.3 四肢の形成

脊椎動物の**四肢**（手足）の形態は動物種により多様であるが，それらが形成される際の基本的なしくみは共通している．四肢のもとになる**肢芽**（鳥の場合の前肢は wing bud と呼ばれている）は外胚葉と中胚葉の間における相互作用を通して形成される．四肢の骨格は，肢芽を構成する中胚葉から形成されるが，四肢の運動に関わる骨格筋組織は筋節から肢芽まで移動してきた骨格筋細胞により形成される．さらに，その筋組織の運動を制御するために，神経管から肢芽まで伸びてきた神経線維が，四肢の筋細胞とシナプスを形成する．また，四肢からの感覚情報を中枢神経系に伝えるために，神経管の背側から移動してきた神経堤細胞が神経細胞に分化して，中枢神経系と四肢を連絡する感覚神経になる．さらに，体幹から連続した血管網が四肢に形成されると，四肢の構造が完成する．

四肢が形成される際に最初に行われるのが，体のどこに四肢を形成するか，その場所の決定である．その際に重要な役割を果たしているのが，側板中胚葉に発現する**ホメオボックス遺伝子**の発現パターンである（図5.8）．ホメオボックス遺伝子の *Hoxb9*，*Hoxc9*，*Hoxd9* の発現パターンに対応して，転写因子の *Tbx5* と *Tbx4* が側板中胚葉の一定の領域に発現する．*Tbx* は転写因子でそのタンパク質の一部に T-box と呼ばれる DNA と結合するためのドメイン構造をもっている．*Tbx* の発現した領域が四肢の形成領域となり，*Tbx5* が

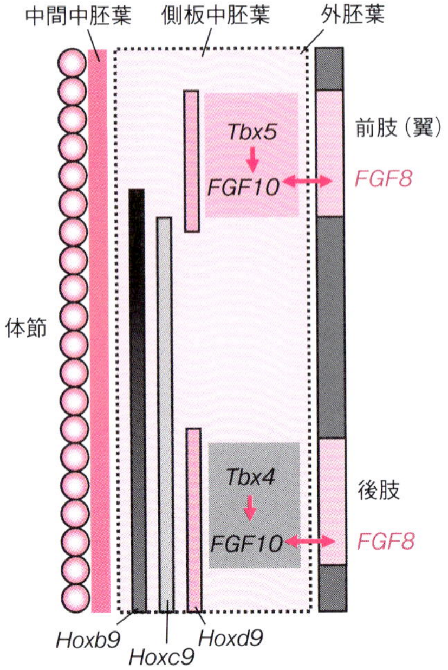

図 5.8　脊椎動物の四肢の形成部域の決定
側板中胚葉に発現するホメオボックス遺伝子の発現パターンにより四肢の形成領域が決まると，それらの領域に，*Tbx5* と *Tbx4* が発現する．そして，*Tbx* の誘導作用により，四肢の形成される領域では *FGF* の発現が引き起こされて細胞増殖が促進される．*Tbx5* と *Tbx4* が発現した領域には，それぞれ，前肢と後肢が形成される．

発現した領域には前肢（あるいは翼）が，そして，*Tbx4* が発現した領域には後肢が形成される．

Tbx が発現した領域では，その標的遺伝子である成長因子の *FGF10* の発現が活性化される．そして，分泌された *FGF10* は隣接する外胚葉に作用し，肢芽の先端部となる**外胚葉性頂堤**（AER，apical ectodermal ridge）と呼ばれる領域の形成を誘導する．外胚葉性頂堤の細胞からは *FGF8* の発現が誘導され，外胚葉性頂堤から分泌された *FGF8* は中胚葉にフィードバックして *FGF10* の発現をさらに促進する．このような胚葉間の相互作用により発現が促進された *FGF10* の作用により，外胚葉性頂堤と接する領域の**進行帯**(PZ；progress zone) では，中胚葉の盛んな細胞増殖が引き起こされるために，肢芽が成長する（図 5.9）．

肢芽から手足の構造が形成される最初のステップは，手足の向きを厳密に決定することである（図 5.10）．たとえば，ヒトの手の場合では，手のひらと甲の向き（背腹方向），親指側と小指側の向き（前後方向）を最初の段階

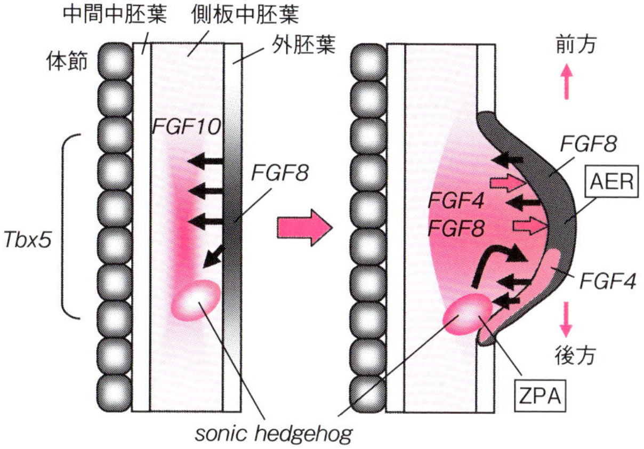

図 5.9　肢芽の形成
肢芽が形成される領域の中胚葉に *FGF10* が発現する．そして，*FGF10* の誘導作用により，隣接する外胚葉に *FGF8* が発現する．外胚葉から分泌される *FGF8* は中胚葉の *FGF10* の発現を促進すると同時に，肢芽の後方となる部域に極性化活性帯（ZPA）の形成を誘導する．そして，ZPA から分泌されたソニックヘッジホッグの作用により，外胚葉の後方化が誘導される．この過程では，外胚葉と中胚葉から分泌される成長因子が互いに相手の細胞増殖を誘導し合うことにより，肢芽の成長を促進させる．

で厳密に決めておかないと，手の構造を正確に形成することができない．肢芽の背腹方向の向きの決定には**ウイント**や *engrailed* を中心とした遺伝子が関わっている．背側の外胚葉から分泌されるウイントが中胚葉に作用して，背側の中胚葉組織に *lmx1* の発現を引き起こす．そして，その反対側の腹側の外胚葉には *engrailed* が発現して，背側の外胚葉におけるウイントの発現を抑制する．その結果，肢芽の背腹方向が決定される．肢芽の前後方向の決定には**ソニックヘッジホッグ**，*FGF* などを中心とした遺伝子が関わっている．外胚葉細胞から中胚葉細胞に及ぼされる *FGF8* の作用は，肢芽の後方に**極性化活性帯**（ZPA，zone of polarizing activity）と呼ばれる領域の形成を誘導する．そこからはソニックヘッジホッグが分泌され，ソニックヘッジホッグは肢芽の後方の外胚葉に作用して *FGF4* の発現を引き起こす．その結果，肢芽の前後方向が決定される．さらに，ZPA を中心にして，ホメオボック

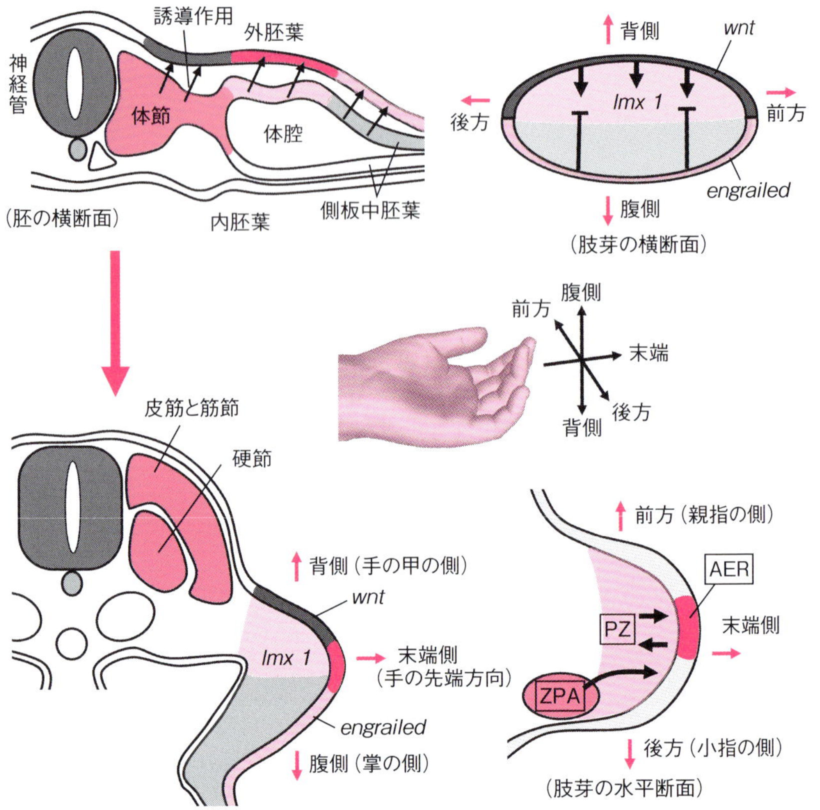

図 5.10　肢芽から形成される手足の方向
肢芽の形成過程では，最初に，手足の向きが決定される．手足の背側と腹側の決定は外胚葉から分泌されるウイントと *engrailed* が重要な役割を果たしている．また，手足の前方と後方の決定には ZPA から分泌されるソニックヘッジホッグが重要な役割を果たしている．そして，末端側への肢芽の成長には，AER と PZ から分泌される *FGF* が重要な役割を果たしている．

ス遺伝子の発現が一定のパターンで引き起こされると，それにより肢芽から形成される手足の骨格構造のパターンが決定される．前肢と後肢ではホメオボックス遺伝子の発現パターンが少し異なるが，それぞれとも *Hoxd9* から *Hoxd13* までの遺伝子の発現パターンを中心に手足の骨格構造のパターンが決定される（図 4.12）．

コラム 12
アポトーシス

細胞がもつ基本的な機能の 1 つとして，外部からのシグナルや細胞内から発するシグナルにより，細胞が自ら死ぬしくみが存在する．このしくみは**アポトーシス**と呼ばれ，発生過程における形態形成，成体の組織を構成する細胞の新陳代謝，異常になった細胞の除去など，さまざまな役割を果たしている．たとえば，われわれの小腸の上皮細胞，血球，皮膚などは，古くなった細胞をアポトーシスで処理して，新しいものと置き換える新陳代謝を活発に行っている．そのために，われわれの体の中では，毎日，約 5%の細胞がアポトーシスを起こして新しい細胞に置き換わっている．この際には，寿命によりアポトーシスで消失する細胞と，新たに補充される細胞との間でバランスがとれているので，組織構造の恒常性は保たれている．

細胞の死滅には，アポトーシスと**ネクローシス**と呼ばれる 2 つの方法がある．アポトーシスは細胞に備わった基本的な機構による積極的な細胞死であるが，ネクローシスは何らかの傷害による受動的な細胞死である．両者の間では細胞死のしくみが異なっている．アポトーシスの多くの場合では，細胞膜は壊れずに，細胞内の DNA やタンパク質などが特別な分解酵素で分解され，細胞の断片化が引き起こされる．そして，断片化された細胞は，マクロファージに取り込まれて，速やかに分解除去される．一方，ネクローシスによる細胞死の場合には，一般に，細胞膜が壊れてその内容物（酵素類など）が外に漏れ出てしまうので，ネクローシスを起こした組織には炎症が引き起こされる．

アポトーシスは線虫を用いた研究で明らかにされたが，その後の研究から，哺乳類に至るまで，一般的に見られる現象であることが明らかにされた．しかも，アポトーシスを引き起こす基本的なメカニズムと，それに関わる主要な遺伝子については，線虫から哺乳類に至るまでよく似ていることがわかった．アポトーシスが引き起こされる経路には，アポトーシスの活性化因子（*egl-1*，*FADD*，*BH-3 only* など），調節因子（*bid*，*bak*，*bcl-2* など），そして，作動因子と呼ばれる基本的な種類のタンパク質が関わっている．作動因子はカスパーゼ（*caspase*）と呼ばれるタンパク質分解酵素で，アポトーシスを実行する役割を果たしている．

アポトーシスが引き起こされる経路には，主要な 2 つの経路が哺乳類の細胞で知られている．それらは，細胞外から作用するシグナルが細胞膜の受容体を介してアポトーシスを引き起こす経路と，細胞内部から生じたシグナルが**ミトコンドリア**を介してアポトーシスを引き起こす経路である（コラム図 12）．細胞外から作用してアポトーシスを引き起こすシグナルには，成長因子や**腫瘍壊死因子**（*TNF*）などのタンパク質があり，それらは細胞膜に存在する受容体を介してアポトーシスを引き起こす．とくに，腫瘍壊死因子は死のリガンド（death ligand）とも呼ばれており，それが細胞膜に存在する死の受容体（death receptor）に結合すると，その情報が細胞内に伝えられて，細胞のアポトーシスが引き起こされる．また，アポトーシスはさまざまな細胞内のシグナルによっても引き起こされる．たとえば，DNA の損傷，細胞周期に生じた異常，ウイルス感染などのシグナルはミトコンドリアを介して細胞のアポトーシスを引き起こす．細胞外からのシグナルはカスパーゼ 8 を活性化し，細胞内からのシグナルはカスパーゼ 9 を活性化する．次に，それらのカスパーゼがカスパーゼ 3 を活性化することにより，さまざまな基質タンパク質の分解を引き起こして，細胞をアポトーシスへと誘導する．

アポトーシスが引き起こされた細胞は，それを示す目印として，細胞膜の脂質のホスファチジルセリンの多くを脂質二重層の外側（細胞の外表面）へと移動させる．さらに，マクロファージに取り込まれ易いように小さく断片化される．そのような細胞構造の変化により，アポトーシスを引き起こした細胞は速やかにマクロファージに認識されてその細胞内に取り込まれ，分解処理される．

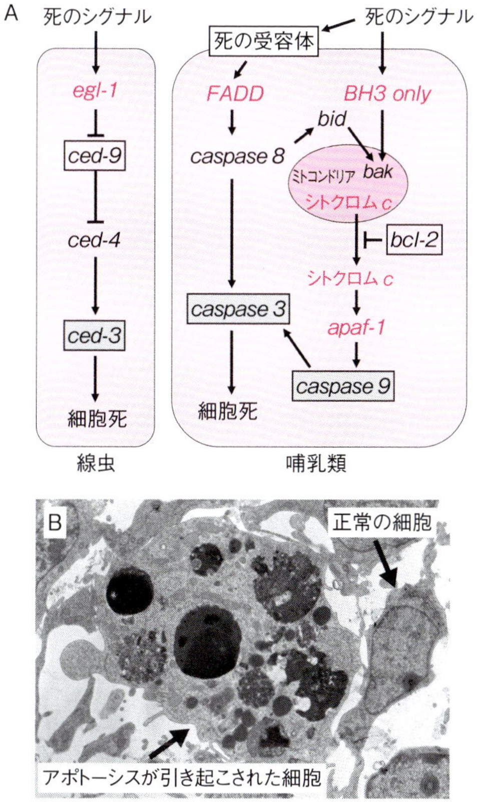

コラム図 12　アポトーシスの経路
A：アポトーシスのしくみは線虫から哺乳類に至るまで存在している．その基本的なしくみは同じで，活性化因子，調節因子，作動因子からなる．アポトーシスの実行は，タンパク質分解酵素である作動因子による細胞の自己分解である．B：アポトーシスを起こした細胞の電子顕微鏡写真．核が断片化して色が濃くなっている．

水鳥の足には指と指の間に水かきが存在するが，水かきはヒトの手足には見られない．これはヒトの手足の指が形成される際に，指と指の間に存在して水かきを形成する細胞が**アポトーシス**（コラム 12）により消失するからである．このように，発生過程では，一定の発生時期の決められた部位に細胞死がしばしば引き起こされる．発生過程で決められた時期と部位に引き起こされる細胞死は，**プログラム細胞死**（programmed cell death）とも呼ばれ，動物の発生過程における形態形成で重要な役割を果たしている．たとえば，カエルの変態時に起こる幼生の尾の除去，神経組織が形成される際に起こる余分な神経細胞の除去，雄の生殖腺形成で起きるミューラー管の除去などがプログラム細胞死の例としてよく知られている．

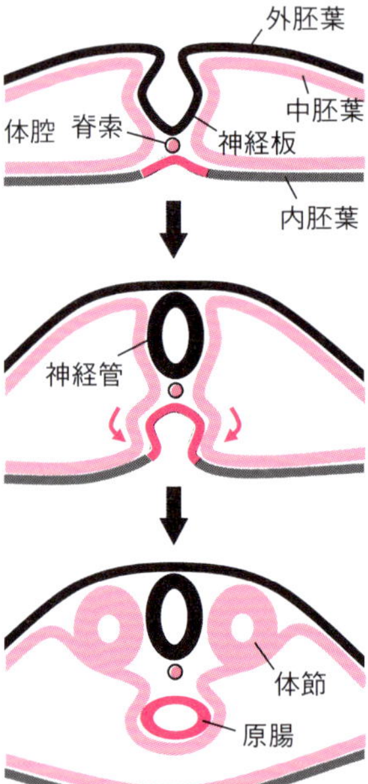

図 5.11　鳥類や哺乳類の胚における原腸の形成
鳥類や哺乳類の胚では，神経胚の時期になってから原腸の形成が行われる．原腸になる予定内胚葉領域が臓側中胚葉に包み込まれるようにして形成される．

5.3.4　消化管の形成

消化管のもとになる**原腸**の形成には，動物種による違いが見られる．たとえば，両生類のように，原腸の形成と中胚葉の形成が同時に行われるものや，鳥類や哺乳類などのように，中胚葉の形成と原腸の形成が別々に行われるものなどがある．鳥類や哺乳類でも，中胚葉の形成は両生類の場合と同じように，原腸胚の時期に行われるが，原腸の形成はその後の神経胚の時期になってから行われる．その際には，原腸を形成する予定領域の内胚葉が中胚葉組織に包み込まれるように弯曲して丸くなり，その構造が閉じて管状になることにより原腸が形成される．そして，その周囲を取り巻く臓側中胚葉とともに消化管を形成する（図 5.11）．

原腸は管状構造として形成されるが，やがて，原腸から食道，胃，小腸，大腸などの消化管の機能領域が形成され，それとともに，呼吸器の肺，消化吸収機能に関係する肝臓や膵臓などの分泌器官も原腸から形成される．このように，原腸から消化管とそれに付随したさまざまな構造が形成される際に，最初に行われるのが原腸の領域化である．その際に重要な役割を果たしているのが，他の器官形成の場合と同じように，**ホメオボックス遺伝子**を中心とした転写因子の発現パターンである．ホメオボックス遺伝子は，発生過程の消化管の上皮とそれを取り巻く間葉組織に一定のパターンで発現して，その領域化を誘導する．たとえば，哺乳類の消化管の発生過程を例に見ると，発生過程の消化管上皮に発現するホメオボックス遺伝子の発現パターンと，消化管に形成される各部の構造との関係がよくわかる（図 5.12）．

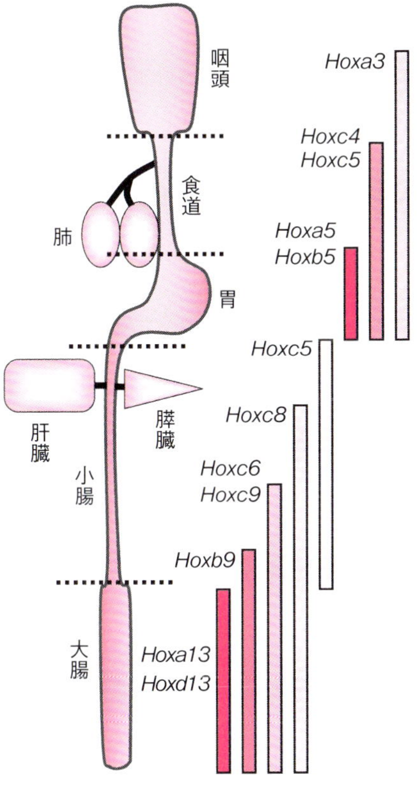

図 5.12　消化管の領域化とホメオボックス遺伝子の発現パターン
哺乳類の消化管の構造と，発生過程の消化管の上皮に発現するホメオボックス遺伝子の発現パターンとの位置関係を示す．

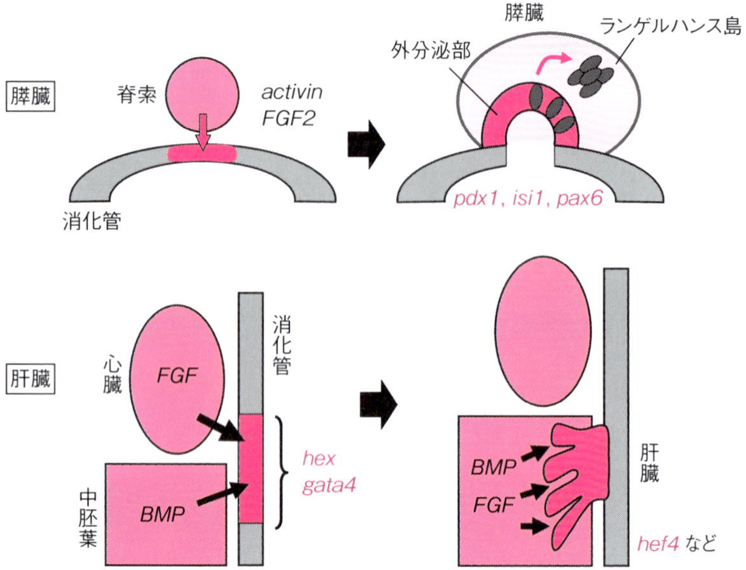

図 5.13　膵臓と肝臓の形成
膵臓と肝臓は上皮間葉相互作用を経て消化管の上皮から形成される．消化管の周囲に存在する間葉組織から分泌される誘導因子（成長因子など）に反応した上皮細胞は，細胞増殖を経て新たな転写因子（赤字で示した遺伝子）を発現して細胞分化する．その後，間葉組織と一緒になって膵臓や肝臓を形成する．

このように原腸の領域化とそれぞれの領域の運命の決定が行われると，消化管の上皮とその周囲を取り巻く間葉組織との間で**上皮間葉相互作用**が行われ，消化管に付随したさまざまな組織や器官の形成が引き起こされる．たとえば，消化管の上皮から膵臓や肝臓などが形成される過程を見ると，その周囲の間葉組織から膵臓や肝臓の予定領域の上皮細胞に対して，細胞増殖を促す成長因子が分泌される．それに反応した上皮細胞は細胞増殖が活性化されるとともに，新たな転写因子の発現が引き起こされる（図 5.13）．このような上皮間葉相互作用の結果，消化管からさまざまな組織や器官が形成される．その際には，消化管の上皮と間葉組織が合わさってそれぞれの機能的な構造を形成する．さらに，消化管に神経堤細胞（消化管の運動を制御する神経叢を形成）も加わると，その基本的な構造ができあがる．

6章　発生学と再生医療

一般に，動物は体の一部を再生できる能力を本来の性質としてもっている．現在，この能力を，ヒトの体の傷害や病気の治療に幅広く応用しようとする再生医療の研究が進められている．この技術が発展するまでの過程では，発生学の研究が大きく貢献してきた．それに最新の遺伝子工学の技術が加わり，人類が念願した再生医療がいよいよ現実的なのものとなりつつある．ここでは，再生医療に関係する発生学上の問題や，再生医療の発展に貢献したいくつかの技術とともに，幹細胞を用いた再生医療の可能性について述べる．さらに，幹細胞とがんの問題や，動物の一生で避けることのできない老化の問題などについても述べる．

6.1　動物の再生現象

腔腸動物，扁形動物，環形動物，有尾両生類などは，傷ついた自身の体を修復するための強力な再生能力をもっている．とくに，腔腸動物のヒドラや扁形動物のプラナリアの再生能力は強力で，体の一部からでも，体全体を再生してしまうほどである．脊椎動物の中では，有尾両生類がとりわけ再生能力が強く，たとえば，イモリの肢が切断されても，半年くらい経つと以前とまったく同じような状態にまで再生される（図 6.1）．このような動物の再生能力は，2 つのタイプに分類されている．その 1 つは，ヒドラやプラナリアなどに見られるもので，**形態調節**（morphallaxis）と呼ばれるタイプである．このタイプでは，切断された体の一部の断片さえあれば，そこに含まれる細胞が増殖して，もとの体全体が再生される．もう 1 つは，両生類や爬虫類などに見られる**付加形成**（epimorphosis）と呼ばれるタイプで，この場合は，失われた構造の近辺の組織が増殖することにより，失われた一部の部分が付加的に再生される．

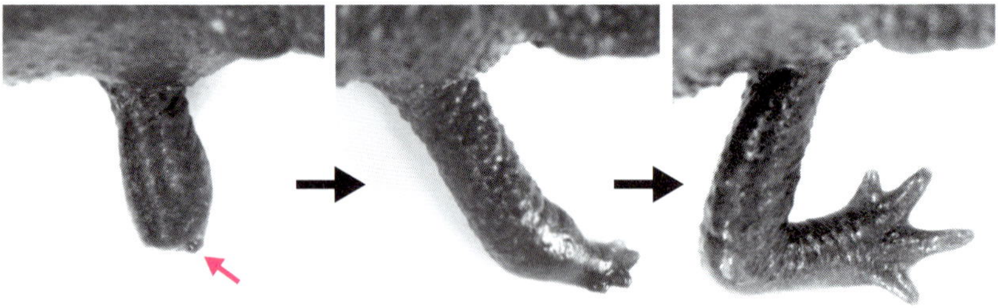

図 6.1　イモリの再生力
有尾両生類のイモリは強い再生能力をもっている．たとえば，肢が切断されても，半年くらい経つと，またもとどおりに再生する．切断された部分の先端には，1週間くらいで小さな膨らみ（赤い矢印）が形成される．2か月後には，その膨らみから小さな肢の原基が形成される．そして，6か月後にはもとどおりの完全な肢が再生される．

イモリの再生と比べるとその能力ははるかに劣るが，ヒトの場合でも，体のほとんどの部分に再生能力がある．とりわけ再生能力が強いのは肝臓で，多くの部分を切除しても，残された部分からもとの状態にまで再生することができる．また，上皮組織も比較的に強い再生能力をもっている．上皮組織は外界と接しているために，さまざまな傷害を受け易い．そのために，傷ついた部分を修復したり，古くなった組織を定期的に更新したりするための強い再生能力が維持されている．たとえば，消化管の上皮細胞は寿命が短く，短期間（3～5日）で新しい細胞と置き換わっている．そのために，上皮細胞の再生は頻繁に行われている．

このように，動物が自然にもっている再生能力を応用して，ヒトの病気やケガの治療を試みようとする研究が世界的に進められている．現在，その方法の実現に近づきつつあるが，依然として，解明されなければならない不明な問題点が数多く残されている．たとえば，胚細胞から体細胞へと分化する過程で起こる遺伝子の不活性化，体細胞に存在する分裂回数の限界，細胞分化や器官形成などしくみに関する問題などがある．細胞分化や器官形成については，5章で述べたので，ここでは，それら以外の再生医療に関わるいくつかの問題について述べる．

6.2　発生の進行にともなう細胞の性質の変化

発生が進行すると胚細胞にはさまざまな性質の変化が引き起こされる．最初に起こる大きな変化の１つは，**生殖細胞**になる胚細胞と，それ以外の**体細胞**になる胚細胞に分かれることである．生殖細胞系列に向かう胚細胞は，そのまま未分化状態が維持されて次の世代へと引き継がれるが，体細胞系列に向かう胚細胞には体の構造をつくるためのさまざまな変化が起こる．その１つが遺伝子の不活性化をともなう胚細胞の分化である．この過程を経て胚細胞は特別の機能をもつ細胞へと変化して，組織や器官を形成する．

6.2.1　遺伝子の不活性化

体細胞系列に向かう細胞は，発生の初期過程において細胞分裂をくり返して増殖した後,さまざまな組織や器官を形成するための細胞分化を開始する．そして，**最終分化**（terminal differentiation）を成し遂げて組織や器官の一部となった細胞は，一定の期間，それぞれが所属する組織や器官で自分の役割を果たした後，やがてその寿命を終える．最終分化をしてから寿命を終えるまでの期間の長さは細胞の種類によって大きく異なる．たとえば，寿命が非常に短い小腸の上皮細胞（数日）から，寿命が非常に長い（一生の期間にも及ぶ）心筋細胞や神経細胞までさまざまである．

胚細胞が特定の機能をもった細胞へと分化しながら組織や器官を形成する過程では，細胞機能の特化を達成するために，遺伝子発現のパターンを大きく変化させる．それは，細胞が特定の機能を果たすために必要な遺伝子の新たな発現や増強を行う一方で,分化した細胞に必要のない遺伝子（たとえば,細胞増殖に関わる遺伝子など）を不活性化するからである．その結果，分化した細胞では，細胞の生存に必要な基本的なハウスキーピング遺伝子と，その細胞がもつ特化した機能に必要な遺伝子だけが発現されることになる．たとえば，筋細胞への分化の過程では，収縮機能に必要なアクチンやミオシンなどの遺伝子の発現は活性化されるが，細胞増殖に関連した遺伝子などは不活性化される．

胚細胞の分化にともなう遺伝子の不活性化には，DNA の**メチル化**が一般的に用いられている．メチル化される部分のDNAは塩基配列が5′-CG-3′と続く部分で，**CpG配列**と呼ばれている．その部分のシトシンがDNAメチルトランスフェラーゼによりメチル化されると，5-メチルシトシンが生成され，それを認識するタンパク質の複合体がDNAに結合してDNAの凝集を引き起こす．その結果，凝集した部分のDNAはヘテロクロマチンと呼ばれる構造になり，その部分の遺伝子が不活性化される．発生過程の進行にともない，体細胞系列の細胞では細胞分化が進行するので，DNAのメチル化が次第に高いレベルになる（図6.2A）．

発生の過程でメチル化されたCpG配列の部分は，細胞増殖の際のDNA複製を経ても変えられることなく娘細胞に伝えられていく．このように，DNAの塩基配列とは関係なく，遺伝子の発現パターンが次の世代の細胞へと伝えられていく現象は**エピジェネティクス**（epigenetics）と呼ばれている．発生の過程で体細胞はDNAのメチル化を高レベルに受け，やがて寿命を終えるが，それらの体細胞とは異なり，生殖細胞はメチル化をあまり受けずに次の世代へと移行する（図6.2B）．これは，生殖細胞がどのような細胞にもなりうる全能性を維持したまま次の世代へと移行し，次の世代の体を容易に形成することができるようにするためと考えられる．

6.2.2　幹細胞

発生を開始した初期の胚細胞は，どのような種類の細胞にも分化しうる能力をもっているが，発生が進むとその能力は次第に失われていく（図6.3）．たとえば，哺乳類の2細胞期の胚から分離した割球は完全な個体を形成することができる．このように1つの完全な個体を形成しうる胚細胞の能力は**全能性**（totipotent）と呼ばれている．さらに発生が進行した胞胚の**内部細胞塊**の細胞からは，1つの完全な個体を形成することはできないが，その細胞はあらゆる種類（おおよそ，200種類以上）の組織や器官の細胞になりうる能力がある．このようにあらゆる種類の細胞になりうる能力は**多能性**（pluripotent）と呼ばれている．やがて，原腸胚期に進行して三胚葉を形成した胚の中胚葉細胞についてみると，限られた種類の細胞にしか分化することができなくなる．このような能力は**多分化能**（multipotent）と呼ばれてい

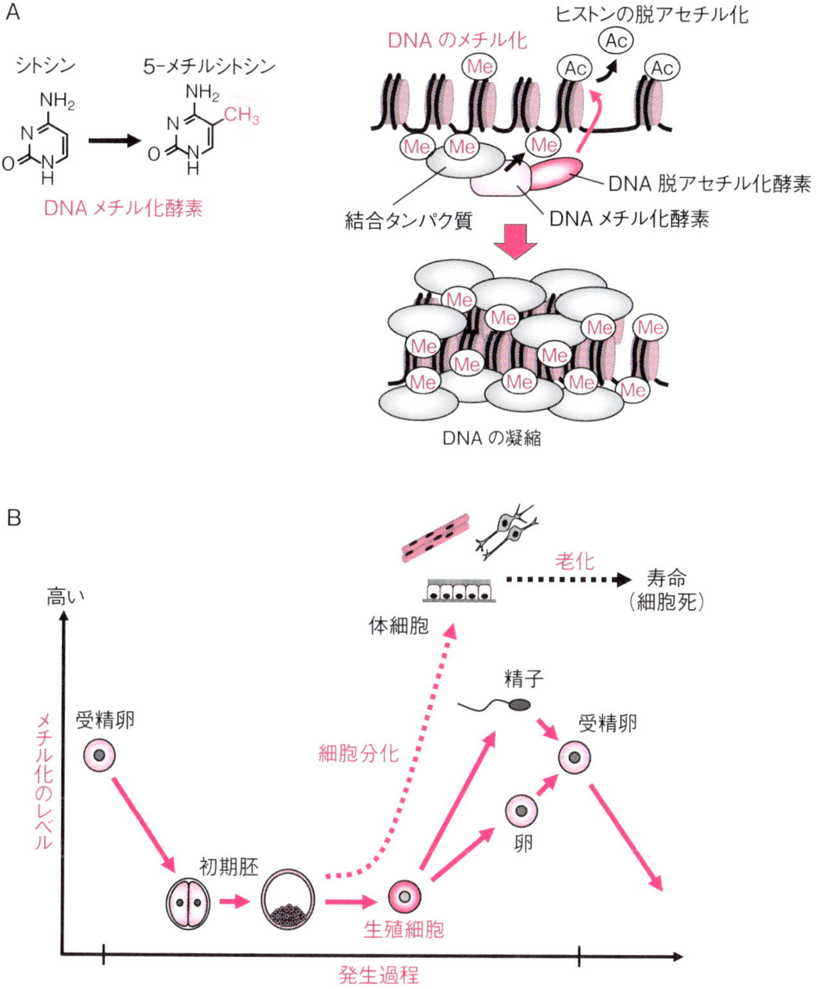

図 6.2　DNA のメチル化による遺伝子の不活性化
A：活性な状態の遺伝子はヒストンがアセチル化されているので，ヒストンを脱アセチル化してから DNA をメチル化する．すると，メチル化された DNA を認識して結合するタンパク質により，DNA の凝縮が引き起こされ，その部分の遺伝子機能が不活性化される．B：動物の発生過程において，体細胞に分化する過程では DNA が高レベルにメチル化され，多くの遺伝子が不活性化される．一方，生殖細胞は DNA のメチル化をほとんど受けずに維持され，精子と卵に分化する過程で DNA のメチル化を受けるが，受精後，発生の開始にともない再び脱メチル化される．

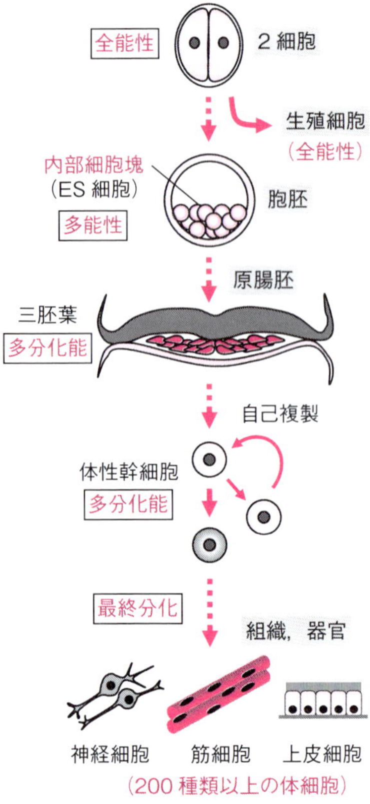

図 6.3　発生にともなう胚細胞の分化能の変化
胚細胞は発生の進行にともない，さまざまな種類の細胞に分化し得る能力が次第に制限されていく．一般に最終分化した体細胞は，それ以上に増殖することなく，一定の期間を経るとその寿命を終える．しかしながら，依然として，増殖能を維持しつつ，いくつかの種類の細胞に分化しうる多分化能をもった細胞が発生を終えた組織に存在し，組織の再生や傷害の修復を行っている．一方，生殖細胞は全能性を維持したまま次の世代に引き継がれる．

る．さらに発生が進行して，組織や器官形成が行われるようになると，多くの細胞が**最終分化**を遂げて機能的な細胞になる．そして，最終分化した細胞は寿命が来るまでそれぞれの役割を果たし，寿命が来るとアポトーシスにより死滅する．

胚細胞のほとんどは，組織や器官を構成する細胞に最終分化した後，一定の期間はたらいてからその寿命を終える．それゆえ，組織や器官の中には，寿命となって死んでいく細胞を補充して組織を再生したり，組織や器官の傷害を修復したりするための未分化細胞が必要不可欠となる．そのために，細胞の数は多くないが，ほとんどすべての組織や器官に未分化な状態の細胞が存在する．それらは頻繁に細胞増殖して自身と同じ細胞を複製（**自己複製**；self-renewal）しながら，再生や修復に必要な細胞を補給し続けている．これらの細胞は多分化能か，多分化能よりもさらに限られた範囲（1 種類程度の細胞への分化能，**単能性**；unipotent と呼ばれている）ではあるが，細胞分化し得る能力をもっている．

多能性をもった胞胚の内部細胞塊や，組織中に存在する多分化能をもった細胞を取り出して増殖させ，それらに細胞分化の誘導処理（たとえば，アクチビンなどの成長因子による処理）を行うと，人為的に，さまざまな種類の細胞に分化させることができる．このように，自己複製しながら，さまざまな種類の細胞に分化しうる能力をもった細胞は，**幹細胞**（stem cells）と呼ばれている．哺乳類の胞胚から取り出された幹細胞の内部細胞塊は**胚性幹細胞**（**ES 細胞**，embryonic stem cells），そして，成体の組織や器官の中に存在し，それらの再生や修復に関わっている幹細胞は**体性幹細胞**（adult stem cells，あるいは，somatic stem cells）と呼ばれている．

6.3　再生医療の技術

誰もが考えることであるが，もし事故で手が切断されても，イモリのように自然に再生してもとに戻ればたいへんすばらしいことである．たとえ，そこまでは無理としても，体の組織や器官の傷害の修復に，再生のしくみが利用できないかと思う．動物一般に備わっているこの能力を医療に利用することができれば究極の治療法になることが期待される．現在，その可能性が**再生医療**（regenerative medicine）として実現しつつある．

動物一般に備わった再生能力を利用して，ヒトの病気や障害を治療しようとする再生医療の発展には，発生生物学を中心とした多くの知識や技術が貢献している．たとえば，体細胞の核を用いた**クローン動物**の作製，胚のさまざまな操作技術，初期胚発生のしくみに関する多くの知識などは再生医療の発展に大きく貢献している．さらに，これからの再生医療の中心的な課題の1つになると考えられる幹細胞を用いた人工的な組織や器官形成の技術の発展にも，発生生物学の知識は大きく貢献するであろう．

6.3.1　クローン動物

現在，家畜の品種改良やヒトの再生医療などの目的で，クローン動物やクローン胚の技術開発が盛んに行われている．クローン動物が最初に作製された目的は，現在のクローン動物の作製の目的とは大きく異なっていた．その意図は，受精後の発生過程を経て細胞分化した組織や器官の細胞の核に，受精卵のときと同じ状態の遺伝情報が完全に残されているかどうかを知ることであった．それを証明するための最も簡単でインパクトのある方法として考えられたのが，分化した組織から取り出した体細胞の核を未受精卵に移植して，再び，完全な成体をつくらせることができるかどうかを確かめる実験であった．

体細胞の核を未受精卵に移植してクローン動物の作製に成功したのは，実験操作のしやすいカエルの胚を用いたものが最初（1962年）である．その実験では，カエルの未受精卵に紫外線を照射して卵細胞の核の機能を失活させたものにカエルの幼生から取り出した核を移植して発生させた．その結果，核を移植した胚の約10％が成体のカエルまで無事に成長した（図6.4）．この実験によりクローン動物の作製が可能であることがわかると，その技術が他の動物でも応用された．そして，1996年には，哺乳類のヒツジを用いた実験が行われ，体細胞（成体の乳腺の細胞）の核を移植した未受精卵からクローンヒツジのドリー（乳房の大きな女優のドリーパートンにちなんだ名前）が誕生して世界的に大きな話題となった．その後，ヒト以外の多くの動物において，体細胞の核を移植したクローン動物の作製が相次いでなされ，現在では，哺乳動物を用いたクローン動物の作製方法はほぼ確立した．

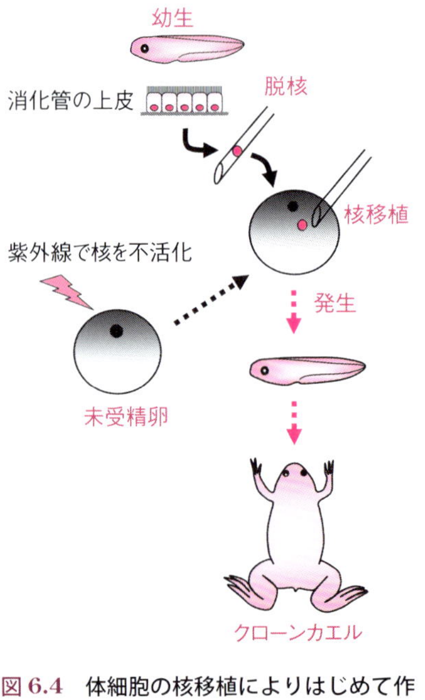

図6.4　体細胞の核移植によりはじめて作製されたクローン動物
紫外線で核を不活化したアフリカツメガエルの未受精卵に，幼生の消化管上皮から取り出した核を移植することにより，完全な成体のクローンカエルが作製された．

しかしながら，発生のしくみがよくわかっていない現状では当然であるが，作製されたクローン動物には未解明の問題点が多く残されている．現在までに行われた実験では，クローン動物が成体まで成長する割合は低く，たとえ成体にまで成長しても，その個体は寿命が短く，さまざまな病気になりやすいことが知られている．これらの問題を解決しない限り，この技術を動物の品種改良などに用いるにしても，あまり実用的であるとは言えない．また，この技術を用いたヒトの再生医療への応用研究も考えられているが，その際にはヒトになりうる胚を人為的に壊してしまうので，倫理的な面から，クローン動物の作製技術を用いたヒトの再生医療は多くの国で禁止されている．

人為的な作製は禁止されているが，自然に生じるクローン人間の存在はそれほど珍しいことではない．たとえば，1つの受精卵から2人の完全な胎児が生じる**一卵生双生児**（monozygotic twins，identical twins）は，まったく同じ遺伝子からなるので，まさしく，クローン人間である（コラム13）．一卵生双生児として自然に生まれたクローン人間の場合には，異常はまったく見られない．このように，発生の初期の段階で胚細胞や胚の組織が分離してできた場合のクローン動物は，まったく正常な動物として生まれるが，組織や器官まで分化した細胞の核を用いて作製されたクローン動物の場合には，その生涯においてさまざまな病的な異常が生じる．その大きな原因の1つは，体細胞まで分化した細胞の染色体には，受精卵の時の状態とは異なるさまざまな変化（たとえば，後述する遺伝子の短縮や遺伝子の大規模な不活化など）が引き起こされているので，それらをもとの受精卵のときの状態にまで完全に戻すことが，現在の技術では難しいからである．

6.3.2　キメラ動物

キメラ動物のキメラ（chimera）は，ギリシア神話に出てくる伝説上の怪獣のキマイラ（chimaera，紀元前5～4世紀）に由来する．キマイラの体はライオンの体をした動物の背中にヤギの頭部が付いていて，さらに，ライオンの尾の部分がヘビからなっている．今のところでは，このようなかけ離れた異種間の動物におけるキメラ動物の作製は無理であるが，近縁種の間ならば，このような複合動物の作製が可能である．たとえば，マウスとラット（図6.5），ヤギとヒツジの間では，両者の構造からなるキメラ動物がすでに作製されている．将来的には，この技術を用いて，ヒトの幹細胞を他の動物の胞

コラム13
一卵生双生児

動物の発生過程では，1つの受精卵から複数の個体が生じる場合がある．身近な例ではヒトの一卵生双生児がある（コラム図13）．この例は突然変異で生じる現象で，そのしくみは，1つの胞胚の中の**内部細胞塊**が完全に2つに分離してそれぞれから完全な胚が形成される場合や，2細胞期の胚の割球が2つに分離して，それぞれの割球から独自に完全な胚が形成される場合などが考えられる．一般に生じる一卵生双生児の場合は前者の原因による場合が多い．また，前者の場合，

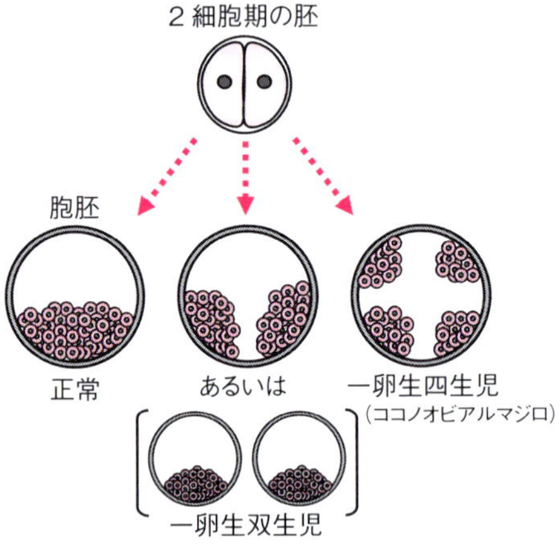

コラム図13　一卵生多生児の形成
ヒトの一卵生双生児は，多くの場合（60～70％），胞胚の内部細胞塊が2つに分離して形成されると考えられている．その他に，2細胞の時期に割球が2つに分離することによっても，一卵生双生児が形成される．前者の場合は，1つの絨毛膜の中にそれぞれの羊膜に包まれた2つの胚が形成され，後者の場合には，それぞれの絨毛膜と羊膜に包まれて独立した2つの胚が形成される（図の中央下）．特殊な例であるが，ココノオビアルマジロは内部細胞塊を4つに分離した一卵生四生児を通常に出産する．

1つの胞胚の内部細胞塊が不完全に分離した状態で発生すると，体の一部が癒合した**結合双生児**（conjugated twin）が生じる可能性が大きい．

特殊な例として，1つの受精卵から4匹の**クローン動物**を生じる例が知られている．その動物は，哺乳類のココノオビアルマジロ（nine-banded armadillo）である．この例では，発生の初期過程で内部細胞塊の細胞集団が4つに分離されて，それぞれの集団から完全な4つの個体が形成され一卵生四生児が誕生する．

卵割期の初期の胚では，1つの割球からでも体全体を形成することのできる全能性がある．そのために，分離した1つの割球から完全な個体を形成することが可能である．ヒトを含めた多くの動物の場合，2細胞期の割球を人為的に分離して，完全な2つの個体を作製することが容易にできる．さらに，動物の種類（たとえば，ウサギなど）によっては，8細胞期の胚から分離した1つの割球からでも完全な個体をつくることが可能である．この方法を用いると，1つの受精卵から正常なクローン動物を数多く作製することができるので，家畜の繁殖法の技術として開発が進められている．

胚に導入して発生させ，必要とするヒトの組織や器官を他の動物につくらせようという試みも検討されている．というのは，この方法を用いれば，試験管内でヒトの幹細胞を増殖させて，そこから組織や器官をつくるよりも簡単に目的とする組織や器官を作製できると考えられるからである．

6.3.3　iPS細胞

クローン動物の作製実験から，**最終分化**した細胞の核でも，それを卵細胞内に戻して発生させると，再び発生をくり返すことが証明された．この結果から，最終分化した細胞の核にも遺伝子のすべてが完全な状態で残されているということと，最終分化した状態からでも，遺伝子の機能が再プログラミングされて全能性をもった細胞に戻り得るということが示された．この事実

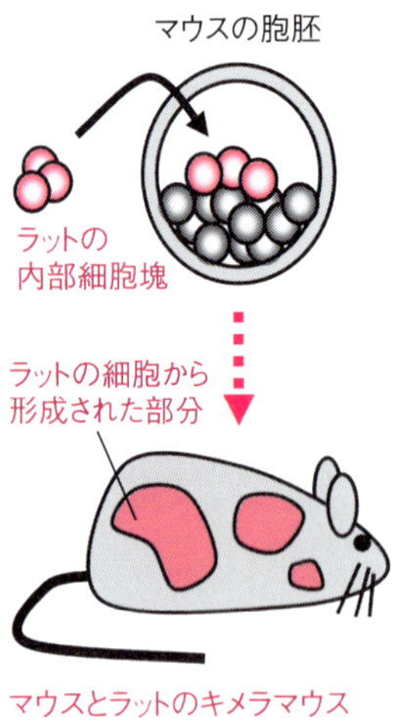

図 6.5　キメラ動物の作製
マウスとラットのように近縁種の場合には，両者の胚の内部細胞塊を混ぜて発生させると，両者の細胞に由来する組織がモザイク状入り混じった動物が形成される．

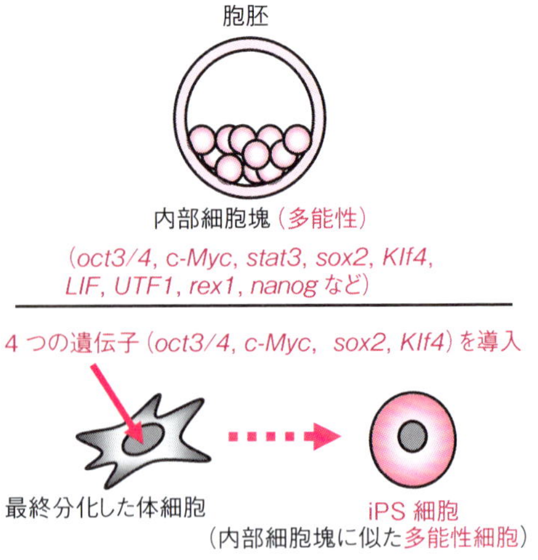

図 6.6　iPS 細胞の作製
多能性である胞胚の内部細胞塊には数多くの転写因子（そのうちのいくつかを図中に示した）が発現している．それらのうちから，少なくとも 4 種類の転写因子の遺伝子を最終分化した体細胞の細胞内で強制発現させたところ，その細胞が内部細胞塊と似たような多能性細胞に変化した．その多能性細胞は iPS 細胞と名づけられた．

から飛躍すると，卵細胞の中で起きている遺伝子の再プログラミングと同じことを人為的に引き起こせれば，最終分化した細胞からでも，全能性をもった細胞がつくれるのではないかと考えることができる．もし，これが可能ならば，後述する再生医療などへの幅広い応用性が考えられる．そのために，その実現に向けて世界中で研究が進められた結果，近年，その可能性が証明された．

そこに至るまでには，まず，全能性をもつ ES 細胞で発現されている主要な転写因子の遺伝子が解析され，24 種類の遺伝子がリストアップされた．そして，それらの遺伝子を体細胞内に導入して強制発現させることにより，その体細胞を ES 細胞のような多能性の細胞に変えることができる最小限の数の遺伝子の組合せが探索された（図 6.6）．その結果，24 種類の中のわずか 4 種類の遺伝子（*oct3/4*；オクト 3/4，*sox2*；ソックス 2，*Klf4*，***c-Myc***；

シーミック：これらの組合せは発見者を称えて**山中ファクター**と呼ばれている）を強制発現させるだけで，分化した体細胞を多能性の細胞に変えることができた．このようにして性質の変えられた細胞は **iPS 細胞**（induced pluripotent stem cells）と命名された．

iPS 細胞の作製に用いた 4 種類の遺伝子は細胞の増殖能や細胞の未分化能を維持するために必要な遺伝子と考えられている．たとえば，*oct3/4*，*sox2*，*Klf4* は，細胞分化の過程でメチル化された DNA を脱メチル化して発生初期の状態に戻し，分化した体細胞を再び全能性にするために重要な役割を果たし，*c-Myc* は体細胞に細胞増殖能を発現させるための役割を果たしている．そして，*Klf4* は細胞が**アポトーシス**により細胞死するのを抑制し，細胞の生存を維持する役割を果たしている．

6.4　再生医療の可能性

再生医療の基本は，幹細胞がもつ自己複製能や多種類の細胞への分化能を利用して，病気や傷害のある組織や器官を治療することである．われわれの体のほとんどすべての組織や器官には体性幹細胞が存在し，組織や器官の傷害の修復や組織の新陳代謝を行っている．この幹細胞がもつ潜在的な能力を人為的に幅広く活用することにより，再生医療への道が開けてきた．現在，再生医療の技術的な研究開発は世界的な規模で活発に進められており，その技術の発展には目覚しいものがある．

現在考案されている再生医療の基本は，試験管の中で増殖させた**幹細胞**を，特定の組織や器官の細胞に分化させてから，それを病気の人に移植して壊れた組織や器官を治療するという方法である（図 6.7）．その方法はいくつかあり，第 1 の方法は，ヒトの胞胚から取り出した**内部細胞塊**を培養して増殖させた後，分化処理を施して必要な組織や器官を人工的に形成し，それを病気や傷害を受けたヒトに移植して治療しようとするものである．この方法では，本来 1 人の人間になりうる胚を壊して使用するために，さまざまな倫理的な問題が生じる．それゆえに，この方法にはさまざまな規制がかけられているので，その実用性は低い．また，この方法を用いた場合には，他人の胚を用

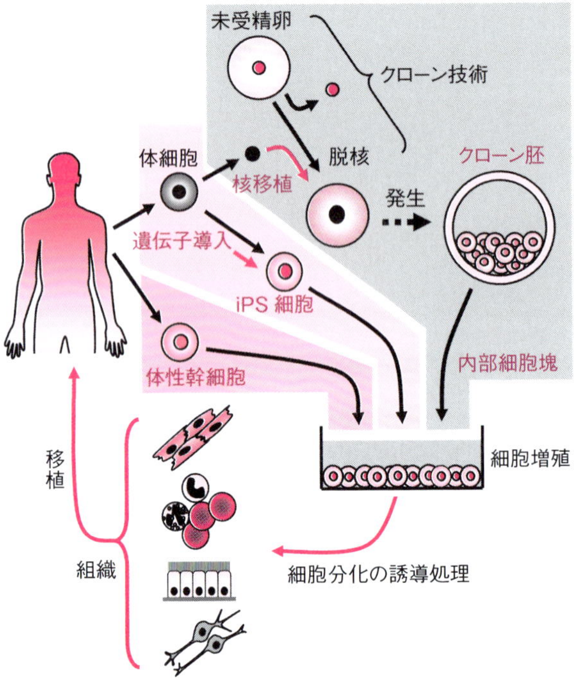

図 6.7　再生医療の方法
再生医療には主要な3つの方法が考えられる．その1つは，クローン技術を用いて作製した胚から内部細胞塊を取り出して，その細胞から必要な組織をつくって移植する方法である．2つめは，病気のヒトの体性幹細胞を取り出して，それから必要な組織をつくって移植する方法である．3つめは，病気のヒトの体細胞から iPS 細胞を作製して，それから必要な組織をつくって移植する方法である．

いるので，治療後の免疫的な拒絶反応も問題になる．しかしながら，この拒絶反応の問題だけならば，病気の本人から取り出した体細胞の核をヒトの未受精卵に移植して作製された**クローン胚**を用いれば解決すると考えられる．いずれにせよ，**胚性幹細胞**を用いた方法は，解決の難しい倫理的な問題があるので，今のところ，あまり実用的な方法とは言えない．

このような胚性幹細胞のもつ問題点を解決できる第2の方法が考案された．それは，**体性幹細胞**を病気のヒトから取り出して，それを培養して増殖させた後，分化誘導処理をして必要とする組織を作製して，それを病気のヒトに移植して病気や傷害の治療をするという方法である．さまざまな組織や器官から取り出した体性幹細胞は多分化能や単能性なので，胚性幹細胞と比べると，それぞれの幹細胞から分化しうる細胞の種類には限界がある．しかし，体性幹細胞はさまざまな種類の組織に存在するので，それらを総合すれば，多能性の胚性幹細胞と同じように，ほとんどの種類の分化した細胞を得ることが可能である．

そして，第3の方法が，**iPS細胞**を用いる方法である．この方法が注目されている理由は，最終分化した体細胞からでも胚性幹細胞のような多能性の細胞を容易に作製することができるからである．しかし，この細胞は人工的な方法により強制的に変化させて作製した幹細胞のために，自然に存在している胚性幹細胞や体性幹細胞などと比べて多くの異常性をもっている．たとえば，再生医療に用いる場合に一番の問題となるのが，動物に移植したiPS細胞ががん化することである．これは，iPS作製に用いた遺伝子の*c-Myc*や，遺伝子の導入に用いたウイルスなどが原因と考えられている．このような細胞の異常性を取り除くために，さまざまな改良が加えられた．その結果，*c-Myc*を他の転写因子の*L-Myc*や*glis1*に変えたり，遺伝子導入にウイルスではなくプラスミドを使用したりする方法が考案された．さらに，iPS細胞の作製に遺伝子導入を用いない方法も考案されており，iPS細胞を用いた再生医療の研究の可能性は広がっている．現在，iPS細胞を用いた再生医療は国家的な戦略研究として各国で盛んに進められている．しかしながら，胚性幹細胞や体性幹細胞などと異なり，iPS細胞には人工的に作製された細胞ゆえの解決されねばならない問題点がまだ多く残されている．

再生医療の技術発展の先には，幹細胞を培養して臓器まで作製し，それを病気の人に移植して治療するという方法も考えられている．この方法が可能になれば，現在不足している移植用の臓器の供給が大きく改善されると考えられる．現在，この課題についても，多くの研究者によりさまざまなアイデアが試され，その実用化に向けた研究が進められている．

以上のように，幹細胞を用いた再生医療への道が大きく開けようとしているが，依然として，幹細胞の性質については不明な問題点が多くある．その

1つが，移植した幹細胞のがん化の問題である．その理由は，後述するように，幹細胞とがん細胞は共通した性質を多くもつために，体細胞ががん細胞に変異するよりも，幹細胞ががん細胞に変異するほうが容易と考えられているからである．それゆえ，この問題も含めて，幹細胞を用いた再生医療の実用化までには，まだ解決されなければならない問題が数多く残されている．

6.5　体性幹細胞とがん幹細胞

最近の研究から，**体性幹細胞**とがん細胞との関連性が問題になっている．たとえば，白血球，肺，脳，膵臓，前立腺など多くの組織に発生するがん細胞が**がん幹細胞**（cancer stem cells）と呼ばれる幹細胞に由来するという考えがある（図6.8）．それは，がん幹細胞と体性幹細胞の密接な関係（性質の類似性）が問題にされているからである．たとえば，両者とも**自己複製能**，**テロメラーゼ**の発現，**アポトーシス**の抑制能などをもつので，幹細胞が容易にがん幹細胞へと変異し，さらに，そこからがん細胞へと容易に移行していく可能性が考えられる．

組織内で体性幹細胞が存在する環境は**ニッチ**（niche）と呼ばれ，その特

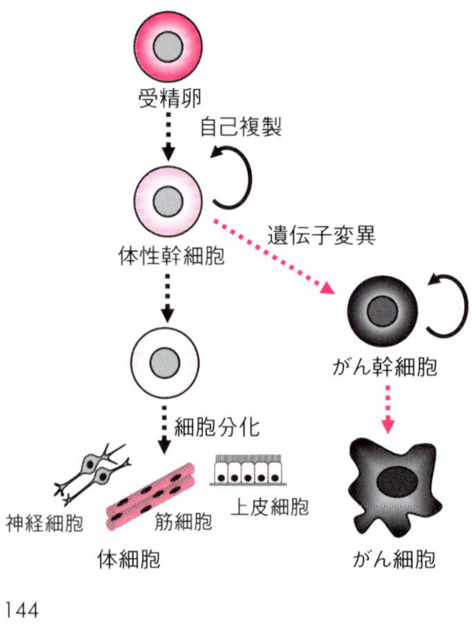

図6.8　体性幹細胞とがん幹細胞
がん細胞はがん幹細胞と呼ばれる自己複製能をもった細胞から生じる可能性が提唱されている（がん幹細胞仮説）．そして，そのがん幹細胞は同じように自己複製能をもった体性幹細胞が変異して形成されると考えられている．

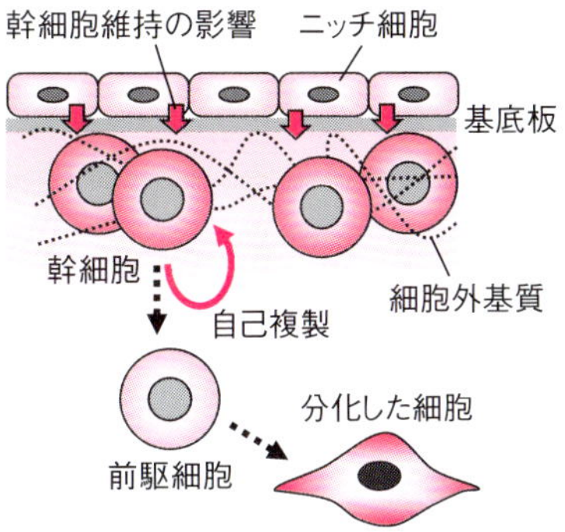

図 6.9 体性幹細胞が存在する特別な環境
体性幹細胞やがん幹細胞は特別な環境に存在してその性質が維持されていると考えられている．その環境は，幹細胞が長期にわたり自己複製しながら多分化能を維持するために必要な場と考えられる．幹細胞は，その周囲に存在するニッチ細胞や細胞外基質などからさまざまな影響を受けてその性質が維持されている．組織の再生や傷害の修復のために細胞が必要になると，幹細胞が自己複製して細胞を供給している．

殊な環境のもとで体性幹細胞としての性質が維持されている（図 6.9）．幹細胞が存在するニッチは，ニッチ細胞と呼ばれる細胞が存在し，幹細胞に影響を与える細胞外基質や成長因子などが分泌されている特別な環境と考えられている．その環境のもとで，体性幹細胞の基本的な性質である自己複製能や**多分化能**などが長期間維持されるとともに，細胞分化の制御も行われている．つまり，体性幹細胞はニッチに生息して自己複製をくり返して，分裂した細胞のうちの一方を体性幹細胞としてニッチにとどまらせ，もう一方の細胞を分化の方向に向かわせて組織の再生や修復のために供給している．

ニッチに存在する体性幹細胞の自己複製能の維持には，分泌タンパク質を含めたさまざまな因子（たとえば，ウイント，*Notch*，ソニックヘッジホッグ，*BMP*，*LIF* など）や転写調節因子（*oct3/4*，*sox2*，*nanog*；ナノグ，*stat3*；スタット *3* など）が，そして，多分化能の維持には成長因子（*TGF-β* ファミリーの分子や *FGF*）が重要な役割を果たしていると考えられている．このような体性幹細胞からがん幹細胞への移行の可能性についてはいくつかの説が示されているが，その概略は以下のように考えられる．たとえば，このような環境の中で，体性幹細胞を維持している転写因子や，細胞内情報伝達系の因子の遺伝子に異常が生じると，体性幹細胞が変異してがんの前駆細胞であるがん幹細胞になる可能性が大きい．そして，がん幹細胞化した細胞の遺伝子にさらにいくつかの変異（たとえば，他の組織への侵襲性，細胞増殖を抑制するシグナルへの反応性の欠除，増殖シグナルがなくても自己複製する能力，血管形成誘導能など）が生じると，がん幹細胞からがん細胞へと容易に移行すると考えられる．

6.6　老　化

動物の一生は，繁殖期に至るまで，体の構造や機能が発達する**成熟**（maturation）の期間と，繁殖期を過ぎて体の構造や機能が次第に衰える**老化**（senescence）の期間に大きく分けられる．このような一生の時間経過にともなう体の構造や機能の変化は**加齢**（**エイジング**，aging）とも呼ばれている．繁殖期以降に問題となる動物の老化は，細胞や組織に生じるさまざまな異常が積み重なって引き起こされる総合的な変化である．たとえば，老化を引き起こす主要な原因には，**ヘイフリック限界**（Hayflick limit，後述），紫外線や放射線などによるDNAの損傷，DNA複製やDNA損傷の際の修復ミス，ミトコンドリアや細胞質内の酵素反応により産生された**活性酸素種**（reactive oxygen species，H_2O_2 や O_2^- など）によるDNA，脂質，タンパク質の変性などがある．このように，遺伝子やミトコンドリアに生じた異常は，細胞のがん化やアポトーシスなどを引き起こす原因にもなっている．それらの異常が，老化にともない，さまざまな組織や器官に蓄積されてくると，体を構成する組織や器官の機能が低下し，動物の体は次第に衰えて，やがて死に至る．

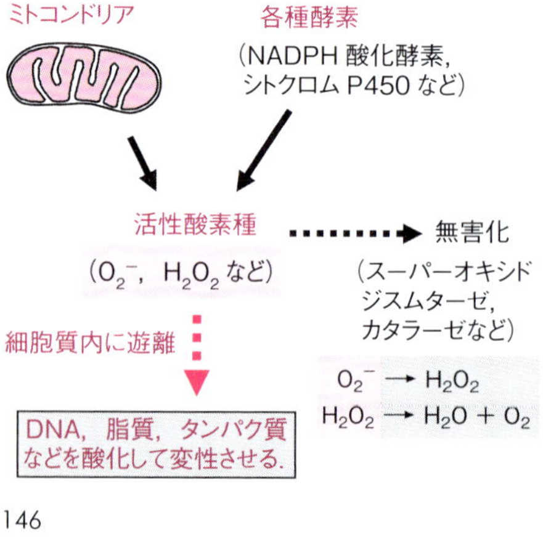

図 6.10　活性酸素種の発生とその害作用
ミトコンドリアの内部や細胞質内で発生する活性酸素種はミトコンドリアや細胞に有害な作用を及ぼす．それを防ぐために，細胞内では，活性酸素種を無害な水や酸素に変える酵素がはたらいている．

紫外線や放射線などによる外部環境からの影響も老化の重要な要因であるが，それらは避けることが可能である．しかしながら，ヘイフリック限界や細胞の内部で発生する活性酸素種による影響などは，避けることのできない老化の大きな原因である．活性酸素種の90％以上は**ミトコンドリア**がATPを産生する過程で発生し，その他は各種の酵素（たとえば，NADPH酸化酵素，P450，モノアミン酸化酵素など）による反応産物として細胞質内に放出される（図6.10）．これらの活性酸素種が生体膜の脂質の過酸化，DNAの酸化，タンパク質のスルフヒドリル基（－SH）の酸化などを引き起こして，それぞれ，生体膜の流動性の減少，遺伝子の変異，タンパク質の凝集などを引き起こすことが知られている．

活性酸素種によるダメージが最も大きいのが，活性酸素種の発生源になっているミトコンドリアそのものである．たとえば，活性酸素種の発生源の中にミトコンドリアDNAが存在していることや，ミトコンドリアは原核細胞由来なので自身のもつDNAの修復機構が発達していないことなどもあり，ミトコンドリアDNAに生じる異常の割合は高い．ミトコンドリアに異常が引き起こされると，細胞へのエネルギー供給が低下することや，細胞のアポトーシスを引き起こす原因にもなるので，ミトコンドリアの傷害の蓄積は組織の老化を早めることになる．

一般に老化と呼ばれる現象は，細胞に生じるさまざまな経年変化が積み重なって引き起こされる現象であるが，1つの遺伝子に生じた異常でも，体全体の老化に似た現象を急速に引き起こすことが知られている．たとえば，DNA修復やテロメアの維持に必要なDNAヘリカーゼと呼ばれる酵素の遺伝子が異常になって引き起こされるウェルナー症候群（Werner's syndrome）や，核膜の裏打ちタンパク質であるラミンの遺伝子が異常になって引き起こされるプロジェリア症候群（progeria syndrome）などが知られている．前者は，日本人に比較的に高率（2～4万人の新生児に1人の割合）で発生する病気として知られており，その症状が現れるのは思春期以降になってからである．この病気では，ヘイフリック限界が正常の3分の1程度と短いことが知られている．一方，後者は世界的にも非常に稀（400万人の新生児に1

コラム 14
老化防止

老化のしくみを明らかにするために，動物の生存期間を人為的に延長する実験も行われている．たとえば，DNA，脂質，タンパク質などの変性を引き起こしている超酸化物ラジカルの O_2^- を H_2O_2 に変える**スーパーオキシドジスムターゼ**（superoxide dismutase，SOD）の遺伝子と，H_2O_2 を無害な H_2O と O_2 に変えるカタラーゼ（catalase）の遺伝子をハエに過剰発現させたところ，その寿命が顕著に延長された．また，カロリーを制限した食事が動物の寿命を延長することが古くから知られているので，カロリー制限食でネズミを飼育したところ，細胞の糖代謝系の変化，フリーラジカルによるストレスに抗する作用の増強，そして，変性タンパク質を分解する酵素活性の亢進などが見られ，動物の寿命が延長された．この場合，カロリー制限がインシュリンの減少を引き起こすので，それが動物の寿命の延長と関連することも指摘されている．また，身近な例では，適度な有酸素運動を定期的に行うことがスーパーオキシドジスムターゼを活性化して抗酸化力を強め，ヒトの寿命を延ばすこともわかっている．

このように，われわれの寿命は，遺伝子だけで決定されるのではなく，生活環境や生活パターンなどの影響を含めた総合的な原因により決定される．そのために，最近の生活環境や生活パターンの改善にともない，われわれの寿命を示す曲線の右肩が次第に直角に近づいてきた（コラム図 14）．これは，多くのヒトが本質的な寿命であるヘイフリック限界（110 ～ 120 歳が限界と推定されている）に近い状態まで生存することができるようになってきたことを示している．しかしながら，その限界まで寿命を全うするヒトはほとんどいない．それは，その年齢に達するまでに，ほとんどのヒトが病気や事故のために死亡してしまうからである．

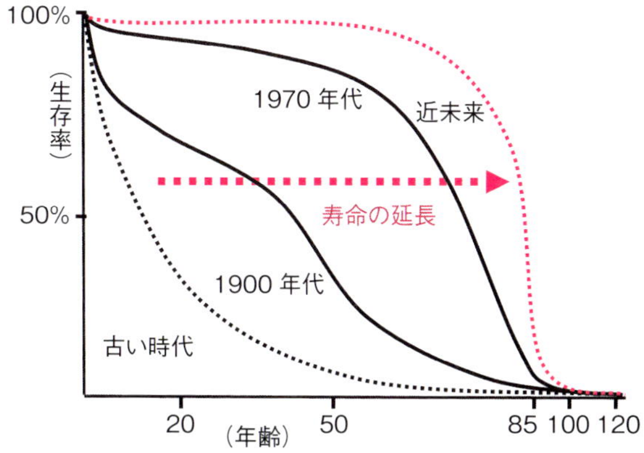

コラム図 14　ヒトの寿命の予想図
ヒトの寿命を年代別に見ると，文明の発達にともなって生活環境（食料や医療など）が改善するにつれ，より多くのヒトが一定の限界まで生存するようになってきた．しかしながら，ヒトの寿命はヘイフリック限界を超えることはない．

人の割合）な病気で，出生後の早い時期から老化の症状が現れて，ほとんどの場合，寿命が十歳代である．

6.7　DNA 末端複製問題

生殖細胞の卵細胞は，世代を超えて連続し，永遠に細胞分裂を続けていくことが可能な細胞である．その一方で，動物の体を構成する体細胞のほとんどは，一定の分裂回数を経るとそれ以上に分裂できなくなって死んでしまう．これには，**ヘイフリック限界**が関わっている．ヘイフリック限界は原核細胞のように環状の DNA 鎖からなる染色体の場合には問題にならないが，真核細胞のように，その両端が開放された直鎖状の DNA 鎖からなる染色体の場合には問題となる現象である．それは，両末端が開放された状態の直鎖状の DNA 鎖では，その末端が DNA 分解酵素により分解されてしまうからである．

さらに，細胞周期の**チェックポイント制御**（コラム4）の機構がその末端部分をDNAの損傷と誤判すると，DNAの修復作業が発動されて，染色体どうしが互いに結合されてしまう可能性がある．それらを防止するために，染色体の末端には特別の塩基配列が存在している．そして，その塩基配列を認識して結合する何種類かの保護タンパク質（たとえば，*TRF*や*pot1*）により特殊な立体構造（Tループと呼ばれるループ構造）が形成され，染色体の保護やその構造の安定化が図られている．

染色体の両末端に存在する特別な塩基配列は**テロメア**（telomere）と呼ばれている．その塩基配列は動物の種により異なるが，ヒトのテロメアの場合は5′-TTAGGG-3′と続く塩基配列が2000回程度くり返した構造からなる．そして，このテロメアの部分はDNAの複製のたびに少しずつ失われてしまう．この現象は**末端複製問題**（end-replication problem）と呼ばれ，細胞が増殖する際には避けることのできない重要な問題となっている．

DNA複製の際には，最初に**RNAプライマー**が合成され，それに追加されるようにDNAが複製されていく．そして，DNAの複製が終わるとプライマーは除去される．ところが，DNA複製の際の末端部に形成されたプライマーが除去された後，その部分のDNAを複製することができない．それは，プライマーが除去された後の部分のDNA複製に必要な新たなプライマーを合成することができないからである．そのために，DNA複製のたびに，DNA鎖の末端が一定量（50～90塩基対）ずつ減少してしまうことになる（コラム図15A）．

たとえば，これが50～60回くり返されると，テロメアの部分が2.5～5.4 × 10^3塩基対減少する．たとえば，ヒトの場合，50～60回の細胞分裂の後には，発生初期に10～15 × 10^3塩基対あるとされるテロメアが5～7 × 10^3塩基対程度にまで減少する．そこまで減少すると，細胞周期のチェックポイント制御がはたらいて，細胞周期を停止させる．つまり，それ以上にテロメアが減少すると染色体の末端部分の保護ができなくなり，異常な細胞が生じてしまうからである．このようにして細胞周期が停止された細胞はそれ以上に増殖することができず，やがて，寿命を迎える．このように一定の

コラム 15
テロメラーゼ

テロメラーゼ（telomerase）は，**テロメラーゼ RNA**（telomerase RNA）と**テロメラーゼ逆転写酵素**（telomerase reverse transcriptase）を中心とした RNA とタンパク質の複合体からなり，テロメラーゼ RNA を鋳型にしてテロメアの部分の DNA を合成して追加する役割を果たしている．ヒトのテロメラーゼ RNA には，テロメアの塩基配列である 5′-TTAGGG-3′ と相補的な 3′-AAUCCC-5′ が含まれている．つまり，この部分を鋳型にして，テロメアの TTAGGG のくり返し構造を合成して DNA 鎖に追加することにより，減少した部分のテロメアの複製を可能にしている（コラム図 15）．

一般の体細胞では，テロメラーゼ RNA は発現されているがテロメラーゼ逆転写酵素が発現されていないので，テロメラーゼは機能していない．つまり，テロメラーゼの機能はテロメラーゼ逆転写酵素の発現により調節されていると考えられる．その際に，テロメラーゼ逆転写酵素の発現を誘導する因子として，細胞増殖を促進する転写因子の ***c-Myc***，パピローマウイルスの *E6* タンパク質，プロゲステロンなどが知られている．その一方で，テロメラーゼ逆転写酵素の発現を抑制する因子として，がん抑制因子の *p53*，細胞周期を調節している *pRb* や *E2F*，インターフェロンなどが知られている．

テロメラーゼの発現が問題となっているのはがん細胞である．がん細胞が悪性化する条件の 1 つがテロメラーゼの発現で，それにより際限のない細胞増殖が可能となる．その結果，がん細胞が転移した先で異常な細胞増殖をくり返し，無制限に増殖したがん細胞は組織を破壊して動物を死に至らしめることになる．

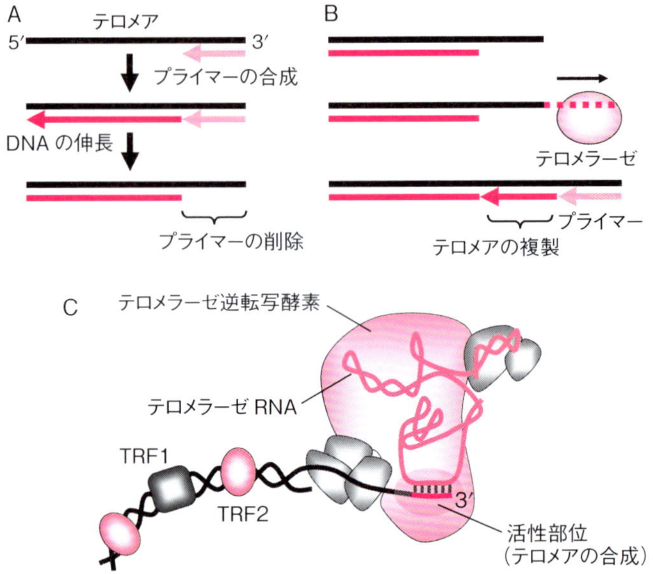

コラム図 15　DNA 末端複製問題とテロメラーゼ

A：DNAの末端複製問題を示す模式図．DNAの複製のたびに，DNA鎖の末端に存在するテロメアの部分がプライマーの長さの分だけ減少する．これはDNAの複製のしくみの上では，避けられない問題である．B：テロメラーゼによるテロメアの合成を示す模式図．一部の細胞には，減少したテロメアの部分を追加合成する機能をもつテロメラーゼと呼ばれる逆転写酵素が発現している．テロメラーゼは3′末端側のDNA鎖のテロメアを合成して追加し，それと相補的な5′末端側に存在する減少したテロメアの複製を可能にしている．C：テロメラーゼの分子構造とテロメアが複製される様子を示すモデル．テロメラーゼは何種類かのタンパク質と，テロメアの塩基配列と相補的な配列をもったRNAからなる複合体である．

細胞分裂の回数を経ると細胞周期が停止する現象は，それを発見した人の名が付けられて**ヘイフリック限界**と呼ばれている．

われわれの体を構成する細胞のほとんどにはヘイフリック限界が適応され，一定の細胞分裂の回数を経るとそれで寿命を終える．その一方で，際限なく細胞増殖を続けることができる細胞も存在する．その代表が生殖細胞である．そのほかに，体性幹細胞とがん細胞が際限のない細胞増殖をする例としてよく知られている．とくに生殖細胞は卵細胞を経由して子孫に連綿と引き継がれていく細胞として，際限のない細胞分裂を続ける必要がある．それを可能にしているのが，生殖細胞内に発現している**テロメラーゼ**である．テロメラーゼはDNA 複製が行われるたびに減少するテロメアの部分を合成して，もとの状態に戻すはたらきをしている（コラム図 15B, C）．そのために，テロメラーゼが発現している生殖細胞，体性幹細胞，そして，がん細胞などでは，何回分裂してもテロメアが減少しないので，ヘイフリック限界は適用されない．

あとがき

著者らが関わってきた発生学は，分子細胞生物学や分子遺伝学の発展とともに，この 20 ～ 30 年間に目覚しい発展を遂げてきた．それ以前の発生学は，シュペーマンによるオーガナイザーの発見に見られるような実験的な手法を中心とした実験発生学と呼ばれるものであった．そして，そこで盛んに研究されていた主要なテーマは，オーガナイザーから分泌されていると考えられる誘導物質の探索や，原腸胚形成のメカニズムの解明などであった．その後，分子細胞生物学や分子遺伝学の飛躍的な発展にともない，それらの知識や技術を取り入れた発生学は，分子発生生物学へと大きく展開した．その結果，本書で紹介したように，ホメオボックス遺伝子を中心とした形態形成のしくみや，細胞外に分泌されたさまざまな物質による細胞間の相互作用のしくみなどが明らかにされ，今までは不可思議であった多くの発生現象が，比較的に簡単な分子メカニズムから成り立っているのだということが理解できるようになった．

しかしながら，実験発生学から大きく発展してきた今日の分子発生生物学にも問題がないわけではない．たとえば，遺伝子発現に関する研究が主流になった結果，従来の発生学では重要な問題として取り上げられていた研究テーマでも，遺伝子レベルで扱いにくいようなものはいつの間にか研究の中心から消えてしまったように思える．たとえば，原腸胚形成のメカニズムなどがその一例であろう．おそらく，原腸胚形成のように多くの因子が関与する複雑な現象は，最近の分子レベルの研究対象にはあまり向いていないからであろう．このようなことを考えながら，昭和 36 年に裳華房から発行された実験発生学（岡田　要 編）という本を見ていたら，分子発生生物学が全盛の今日でも，その本の中に書かれている内容が新鮮に感じられた．それは，50 年以上も前の発生学者の眼力と情熱がそこに感じられるからであろう．その本の中で話題として取り上げられている内容の多くが今でも古くなっておらず，しかも，それらの多くは，依然として，分子レベルでの解明が進んでいない．

急速な勢いで進んでいる発生生物学の最新の内容を取り入れるべく，本書を書くにあたって参考にした文献の多くが最近のレビュー論文である．ここではそれらを掲載することはやめて，本書を読んだ後，さらに詳しく知りたいと思う人にとって参考になりそうな教科書をいくつかあげておいた．

最後に，本書の執筆にあたって，ご助言とご協力をいただいた東京大学の赤坂甲治教授，裳華房の野田昌宏氏と筒井清美氏に感謝いたします．また，口絵に用いた両生類の原腸胚とニワトリの神経胚の 3D 立体構築画像は，埼玉医科大学・解剖学・助手の亀澤 一氏の協力により作成された．そして，連続切片による胚の立体構築モデル作成には，サイバネットシステム（株）の立体構築ソフトの RealiaPro と RealINTAGE が用いられた．

参考文献

発生学についてさらに詳しく学びたい人のために
（以下には，世界的によく知られている単行本をいくつか記した。）

Arias, A. M., Stewart, A. (2002) “Molecular principles of animal development” Oxford University Press, NY, USA.

Bard, J. (1990) “Morphogenesis: The cellular and molecular processes of developmental anatomy” Cambridge University Press, NY, USA.

Carlson, B. M. (2003) “Pattern’s foundation of embryology” 6th Ed., MacGraw-Hill, Inc., NY, USA.

Chandebois, R., Faber, J. (1983) “Automation in animal development, a new theory derived from the concept of cell sociology. Monographs in developmental biology” Vol.16, Karger, Basel, Switzerland.

Gerhart, J. ed. (1990) “Cell-cell interactions in early development” Wiley-Liss, NY, USA.

Gillbert, S. F. (2010) “Developmental biology” 9th Ed., Sinauer Associates, Inc., MA, USA.

Grunz, H. ed. (2004) “The vertebrate organizer” Springer, Heidelberg, Germany.

Keller, R. *et al.* (1991) “Gastrulation: Movements, Patterns, and Molecules” Plenum Press, NY, USA.

Niewkoop, P. D. *et al.* (1985) “The epigenetic nature of early chordate development: inductive interaction and competence” Cambridge University Press, NY, USA.

Slack, J. M. W. (1991) “From egg to embryo: Regional specification in early development” Cambridge University Press, NY, USA.

Slack, J. M. W. (2006) “Essential developmental biology” 2nd Ed., Blackwell Publishing, NJ, USA.

Stern, C. D. ed. (2004) "Gastrulation: From cells to embryo" Cold Spring Harbor Laboratory Press, NY, USA.

Wall, R. (1990) "This side up: Special determination in the early development of animals" Cambridge University Press, NY, USA.

Wolpert, L. *et al*. (2007) "Principles of development" 3rd Ed., Oxford University Press, NY, USA.

索　引

著者略歴

浅島　誠（あさしま　まこと）

1944年　新潟県に生まれる
1972年　東京大学大学院理学研究科動物科学専攻修了（理学博士）
　　　　ドイツ・ベルリン自由大学分子生物学研究所研究員
1974年　横浜市立大学文理学部助教授
1985年　横浜市立大学文理学部教授
1993年　東京大学教養学部教授
1996年　東京大学大学院総合文化研究科教授
2003年　東京大学大学院総合文化研究科長・教養学部長
2006年　日本学術会議副会長
2007年　東京大学名誉教授・副学長，理事，東京大学大学院総合文化研究科特任教授
2010年　(独) 産業技術総合研究所フェロー兼センター長

駒崎伸二（こまざき　しんじ）

1952年　埼玉県に生まれる
1978年　横浜市立大学文理学部生物課程卒業
1980年　新潟大学大学院理学研究科生物課程修了
同　年　埼玉医科大学医学部助手
1986年　（医学博士）
2002年　埼玉医科大学医学部准教授

新・生命科学シリーズ　動物の発生と分化

2011 年 9 月 20 日　第 1 版 1 刷発行
2014 年 6 月 10 日　第 1 版 2 刷発行

検印省略

定価はカバーに表示してあります．

著作者　浅島　誠
　　　　駒崎伸二
発行者　吉野和浩
発行所　東京都千代田区四番町 8－1
　　　　電　話　03-3262-9166（代）
　　　　郵便番号 102-0081
　　　　株式会社　裳華房
印刷所　株式会社　真興社
製本所　牧製本印刷株式会社

社団法人
自然科学書協会会員

ISBN 978-4-7853-5849-5